아름다운 엄마와 건강한 아기를 위한

280일 태교 체조

아름다운 엄마와 건강한 아기를 위한
280일 태교 체조

1판 1쇄 발행 | 2012년 6월 13일
1판 3쇄 발행 | 2013년 1월 20일
지은이 | 송금례, 김미연
펴낸이 | 우문식
펴낸곳 | 도서출판 물푸레
등록번호 | 제 1072 등록일자 | 1994년 11월 11일
주소 | 경기도 안양시 동안구 호계동 950-51 정현빌딩 201호
전화 | (031) 453-3211
전송 | (031) 458-0097

www.mulpure.com
ISBN | 978-89-8110-310-1 13590
책에 관한 문의는 mpr@mulpure.com으로 해주시기 바랍니다.

값 16,800원

아름다운 엄마와 건강한 아기를 위한

280일 태교 체조

송금례, 김미연

도서출판 물푸레

임신부가 꼭 알아야 할 임신 운동의 모든 것

엄마의 자궁은 아이의 첫 궁전이다. 부모의 경제력의 높고 낮음은 크게 상관이 없다. 사랑과 정성으로 보살피게 되면 태아는 세상에서 가장 아름다운 궁전을 선물받게 되는 것이고, 엄마가 불행하고 스트레스를 많이 받으면 아무리 좋은 음식과 좋은 환경을 제공받는다 해도 태아의 집은 아슬아슬 지어진 모래성이 될 것이다.

이번 송금례 교수님과 김미연 선생님의 〈280일 태교 체조〉가 이런 의미에서 엄마와 아기에게 꼭 필요한 필독서가 될 것이다. 엄마의 마음을 안정시키고, 온몸을 움직이면서 가벼운 체조로 활력을 찾게 하고, 끊임없이 태아와 소통하면서 사랑을 나누며, 양수를 자극하면서 태아의 뇌도 기분좋은 자극을 받아 건강과 행복으로 성장하게 되는 원리를 찾은 것이다.

이 책은 일반적인 순산 체조와 분명 차별화되고 있다. 아빠를 참여시키면서 아빠도 양육자로서 준비를 시키고, 생활의 바른 자세부터 태아와의 끊임없는 대화법을 연결시키면서 몸으로 하는 가장 멋진 태교법을 발견한 것이다.

이 책의 많은 장점 중 몇 가지를 소개하자면 임신을 하게 되면 운동은 필수이다. 여성이 임신을 하게 되면 일반적으로 임신 기간 중에 약 10kg 이상 체중이 증가한다. 임신 전에 저체중이었거나 임신 중에 체중이 적절히 증가하지 않으면, 자궁 내 성장 지연이나 저체중아 출산, 주산기 사망의 위험인자가 된다. 반면 지나친 체중 증가는 임신독혈증 위험성을 높이고, 출산 후 비만이 될 확률 또한 높인다. 출산 후에도 요통, 하지 관절통, 하지 경련이 나타날 수 있다. 게다가 체력이 감소하여 무기력감과 심한 피로, 심리적 우울에 빠지기 쉽다.

이렇듯 저체중도 문제이고, 비만도 문제가 된다. 임신기간 중 과체중은 출산 시 위험성을 내포함과 동시에, 출산 후에도 비만으로 이어질 수 있고, 임신성 당뇨에 걸릴 위험을 높이기 때문에 예방이 중요하다.

또 요즘 결혼을 늦게 하는 추세이다 보니 35세 이상 첫 임신도 늘고 있는데 건강에 더욱 주의를 요한다. 이런 모든 요인을 감안했을 때 가장 이상적인 임신기 운동이 체조이다. 강도 조절이 쉽고, 집에서 어떤 도구도 없이 혼자 할 수 있는 방법이기 때문이다. 날이 춥거나 비가 와도 할 수 있어 적극 추천한다.

둘째로 엄마의 입장에서 많은 사례를 연구하다 보니 임산부들의 불편한 증세들에 대해 너무도 해박한 지식을 갖고 있다는 것이다. 생활 속에서 바르지 못한 자세, 허리 통증, 부종, 다리 경련 등을 다루면서 병원에 오기 전 올바른 자세의 유지로 허리 통증을 줄일 수 있으며, 소화촉진으로 인한 변비의 감소, 임신 중 일어날 수 있는 우울증의 제거 등의 치료 차원의 체조법을 소개했다는 것도 장점이다.

셋째. 이 책 한 권으로 체조로 하는 임신, 출산, 산후, 베이비마사지까지 다 마스

터할 수 있어 임신부가 읽어야할 체조의 바이블이라 불릴 수 있다. 태교 체조를 통해 엄마는 근육, 인대 및 관절을 균형 있게 강화시키고 유지하는 데 도움이 된다. 또 요통이나 골반통증을 줄여주고, 신진대사를 촉진함과 동시에 근육과 관절의 긴장을 완화해 심폐기능을 상승시킨다. 체조를 통한 적절한 자극은 태아에게 산소 공급을 좀 더 원활히 해줌으로써 태아의 뇌 발육을 도와준다. 초보 엄마도 프로 엄마처럼 건강관리부터 육아의 자신감을 가질 수 있게 해주어 우리 병원을 찾는 산모들에게 추천하고 싶은 책이다.

마지막으로 태교 전문가와 임신 체조 전문가가 쓴 책이라 이렇게 다르구나, 라는 생각에 절로 감탄하게 된다. 아이의 신체 건강은 물론 지능, 성격, 행동까지도 엄마의 태중 환경에 따라 영향을 받는다고 생각하면 바로 지금 태중 환경을 바꿔주어야 한다. 건강하고 똑똑한 아이를 원하는 부모라면 반드시 읽고 실천하자.

황영희

(샘여성병원 명예원장, 낙태반대연합회 이사장, 아프리카미래재단 이사장)

임신한 열 달이 부모와 자녀의 평생을 좌우합니다.
태교 체조로 몸과 마음의 건강과 행복 모두 챙기세요.

축하합니다. 당신께도 세상에서 가장 아름다운 만남이 찾아 왔습니다. 임신은 무조건 기쁨이며 축복이고 아기와 함께 하는 소중한 데이트입니다.

저희도 강의에 들어오는 새로운 임산부님을 바라볼 때 가장 설레입니다. 예비엄마로서 아가를 만난다는 기쁨과 아직 덜 준비된 설익은 엄마의 눈빛은 세상에서 가장 빛나는 별을 닮았습니다. 그들은 모두 한결 같은 마음으로 몸과 마음의 건강과 순산을 희망하여 저희를 찾아오셨고, 우리를 믿고 따라주기에 막중한 책임감에 하루도 쉴 새 없이 아기와 엄마를 위하여 연구하고 공부하고 있습니다.

지금 어머님들도 아가를 위해 많은 준비를 하고 계시죠? 수많은 태교법을 찾아 보셨을 것이고, 먹는 것, 입는 것, 움직이는 것 이외에 좋은 생각과 성품까지 생각하고 계실 것입니다.

그렇게 준비를 철저히 하면서도 시간이 지나 점차 불러오는 엄마의 배 만큼이나 출산에 대한 막연한 두려움과 불안함도 함께 커가고 있으시죠.

'내가 순산 할 수 있을까?'
'진통을 잘 견뎌 낼 수 있을까?'
'우리 아이는 건강하고 똑똑하게 자라고 있을까?'
이 걱정을 덜어드리기 위해 시작한 것이 태교 체조입니다. 많은 시간 임산부들과 체조를 함께하며 조금이나마 순산할 수 있도록 도와주고 출산에 대한 자신감을 주었으면 하는 바람이 쌓이게 되었고 임산부를 실질적인 면에서 지지하고 격려 해 줄 수 있는 조력자가 되고 싶었습니다.

태교 체조 책을 태교 전문 교수와 임신 체조 전문가가 함께 쓴 이유가 여기에 있습니다. 순산을 돕는 일반적인 체조 책이라면 진정한 의미에서 태교 체조가 아닌 것입니다.

아이와 함께 태담을 나누며, 아빠와 함께 사랑을 나누며, 임신 주수별로 태교 스케줄을 짜고 그것에 맞춰서 체조를 해야 하기 때문에 함께 이 책 작업을 함께 하였습니다.

이 책에서는 이 세상 엄마들의 소망을 그대로 담아 순산 이외에도 아이의 건강과 부부 사랑을 키워주는 러브러브 체조법, 태아를 자극하여 두뇌 및 신체 발달을 활성화하는 진정한 태교 체조법, 엄마의 불편한 증세를 낫게 해주는 치료 차원의 체조, 생활 속에서 할 수 있는 바른 자세 체조법을 차곡차곡 담았습니다. 280일 후에 엄마들의 산후 회복을 위한 체조법과 아기가 태어나 세상에 적응하고 건강하게 자랄 수 있도록 돕는 베이비마사지까지 체조로 할 수 있는 모든 몸과 마음의 임신 출산 건강법을 챙기려고 애썼습니다.

잊지마세요, 아빠에게도 준비기가 필요합니다. 임신 기간 동안 아빠도 참여할 수 있도록 엄마가 많이 도와주어야 합니다. 엄마는 태중에 아기가 함께 하기에 엄마라는 역할에 금새 적응할 수 있지만 아빠는 보지도 느끼지도 못한 상태에서 막연히 준비하다가 열 달 후 갑자기 아빠가 되어버리는 당혹감도 가질 수 있습니다. 그러므로 항상 엄마가 아빠한테 아기와 엄마의 상태를 알려주고, 함께 할 수 있는 기회를 선물해 주세요.

임신도, 출산도, 육아도 모두 가족 공동의 몫이란 것을 모두 기억하셔야 합니다.

그래야 아빠와 엄마, 그리고 아가 모두 280일 임신기간 동안 스트레스 안 받고 행복하게 지낼 수 있는 것입니다. 엄마가 행복해야 아기가 행복한 성장할 수 있는 것은 당연한 이치일 것입니다.

우리의 마음을 이해해주시고 뜻을 모아 책으로 만드는데, 처음부터 끝까지 함께 한 최은희 편집부장님과 물푸레출판사의 사장님을 비롯한 모든 가족분들께 감사합니다. 그리고 너무도 멋진 웃음과 포즈로 모델이 되어준 가족, 예인맘과 아빠, 그리고 엄마 뱃속부터 모델로 데뷔한 예쁜 예인이에게도 고맙습니다. 또 멋진 세트와 프로다운 리더십으로 우리 모델을 가장 편하고 아름답게 찍어준 산본 베일리수 실장님께도 감사드립니다.

가장 큰 감사는 작은 사고도 없이 처음부터 끝까지 함께 해주신 하나님께 영광 돌립니다. 저희도 늘 바쁘고 부족한 것 많은 엄마이고 아내입니다. 그래도 제가 가장 곱다고 사랑해주는 가족에게도 사랑을 전합니다.

오늘부터 여기에 소개한 체조법으로 온몸 스트레칭을 해주고, 엄마의 몸이 불편하지 않고 쉽게 운동할 수 있도록 따라해 주세요. 엄마가 운동을 하면 태아도 자극을 받고 건강하게 성장하게 됩니다.

당신은 분명 순산할 수 있고, 몸과 마음이 건강한 아기를 낳을 것입니다.

저희의 이 믿음이 당신에게도 전해지길 진심으로 바랍니다.

— 송금례, 김미연

목차

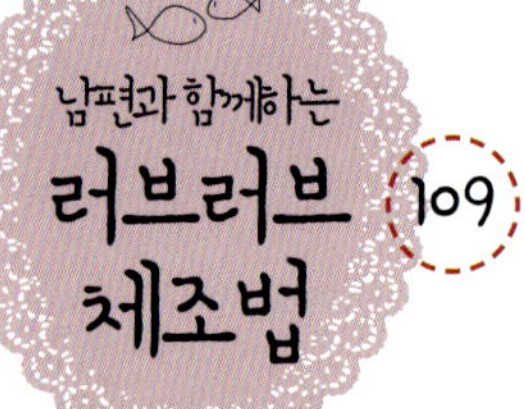

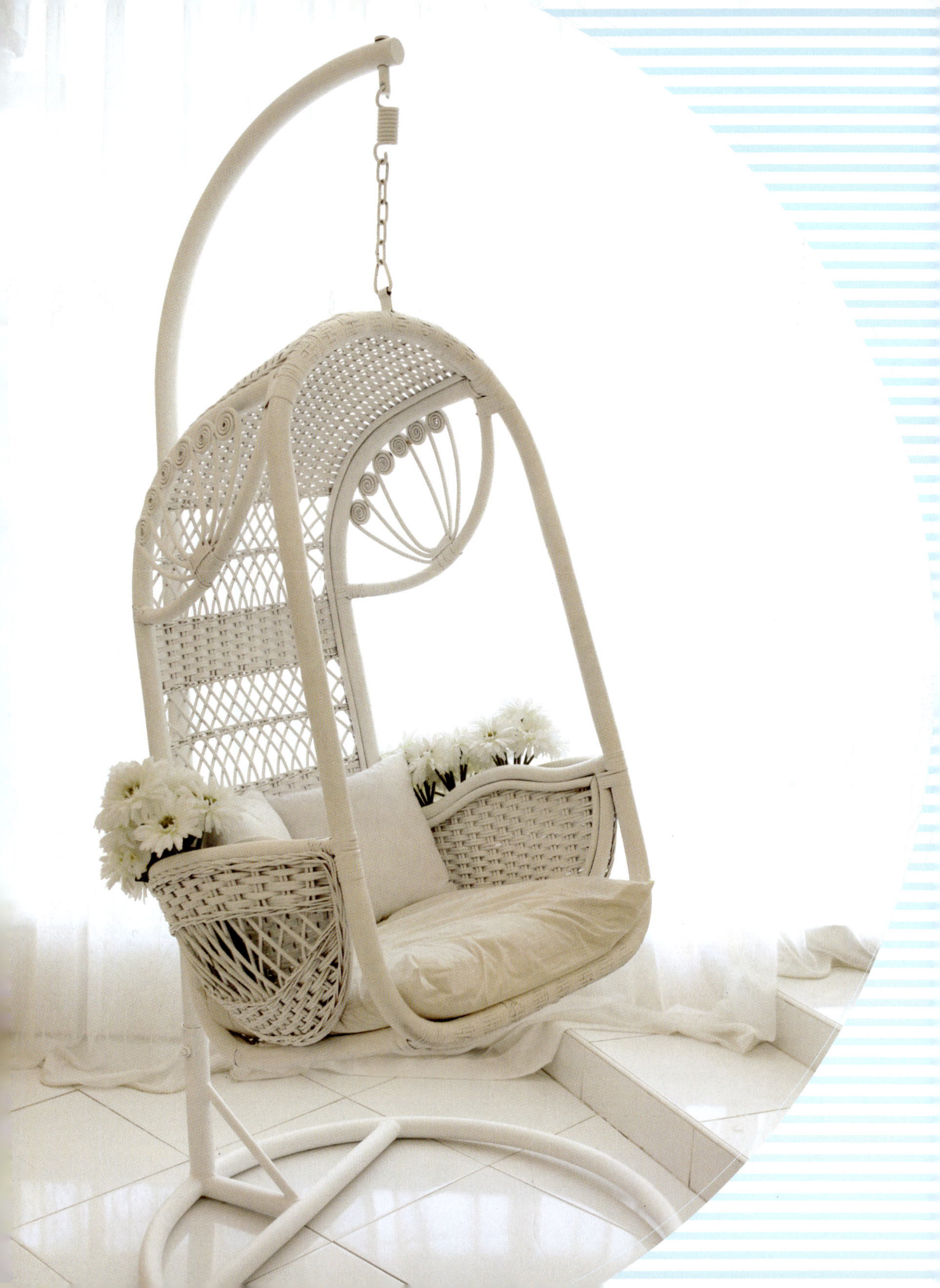

체조 시작 전 읽어주세요!

임신 중 왜 운동이 필요할까?

임신 중 열달 동안 두 배의 음식물을 섭취하고 가만히 앉아 쉬는 것이 과연 엄마와 아기 모두에게 좋을까? 아니면 운동을 하는 것이 좋을까? 이 질문에 많은 엄마들은 후자라고 대답할 것이다. 그렇다, 운동이 우리에게 주는 선물은 매우 다양하다. 임신 전과 임신 중에 꾸준히 활발하게 움직이고 신체활동에 참여한 여성은 유산 위험이 낮다. 제왕절개수술 빈도는 24% 감소하고, 분만 시 순산율은 10~20% 높아지는 것으로 보고되고 있다.

또한 임부의 심폐지구력을 비롯한 체력을 향상시켜주며, 안정감을 주고 체지방도 감소된다. 과체중이나 요통에도 도움이 되며, 산고 시간도 평균 2시간 정도 짧아진다. 운동은 뱃속 아기와 일체감을 느낄 수 있게 해주는 태교의 한 방법이기도 하다.

그럼에도 많은 사람들이 임신 중에 운동을 하면 혹시 본인이나 태아에게 나쁜 영향을 줄지 모른다는 막연한 두려움을 갖는다. 그로 인해 임신 전에 해오던 운동뿐 아니라 일상적인 활동까지도 자제하려는 경향을 보이곤 한다.

임신 중에 쉬기만 한다면 분만 과정에서 필요한 근육이 약해지고, 이런 상태에서 출산이라는 갑작스런 충격에 자칫 다칠 수도 있다. 말하자면 '운동과 신체활동'은 이런 불상사가 생기는 것을 그 어떤 약보다 더 잘 막아줄 수 있다.

임신 중의 규칙적인 운동은 임신으로 인해 늘어나는 근육, 관절, 인대의 긴장을 회복시키며 복부 및 골반근육의 강화와 혈액순환을 원활하게 하며 지구력과 인내심을 길러주어 순산을 도와주며 임신 중이나 분만 후에 흔히 발생하는 요통도 감소시켜 줍니다. 또한 체중 조절에도 도움이 되고 바른 자세를 유지하게 하게 한다. 출산 후에도 회복을 빠르게 해주고 좋은 건강상태를 유지할 수 있게 해준다.

임신기간에도 적절한 활동을 유지 하는 것이 좋다.

· 삶의 활기를 준다.
· 출산의 어려움에 대비하는데 도움이 된다.
· 임신 중에 겪게 되는 불편을 덜어 준다.
· 스트레스를 줄여주고 기분을 좋게 한다.
· 출산 후 체중 조절을 도와준다.
· 엄마와 아기의 건강에 좋다.
· 적당한 운동은 행복감을 느끼게 한다.

임신 중 운동의 종류

· 산책하기

· 가벼운 수영
· 순산체조와 스트레칭
· 질 근육운동

운동 준비

· 편한 옷을 입는다.
· 수면 직전이나 식사 직후는 피한다.
· 운동 전에 소변을 봐 방광을 비운다.
· 운동은 매일 같은 시간에 하며 점차적으로 강도를 높인다.
· 운동 직전과 직후엔 호흡을 합니다.
· 여러 가지 임신성 질환이나 지병이 있는 경우는 전문의와 상담후 한다.

운동 중 중단해야 하는 경우

· 질 출혈
· 흐릿한 시력
· 구역질
· 현기증
· 가슴이 두근거림

· 손, 발목, 다리의 부종 증가
· 가슴과 배에서 느껴지는 통증
· 갑작스런 체온의 변화

6) 운동 시 엄마와 아기를 위한 약속

· 아주 천천히 시작하고 과하게 하지 않기
· 자신의 몸에 귀 기울이기
· 지치거나 숨이 찰 때까지 운동하지 않기
· 편한 신발과 복장하기
· 운동 중 자주 쉬며 수분을 보충하기
· 너무 덥거나 추운 날씨는 피하기
· 몸이 부딪치는 운동은 절대 안하기

태교 체조 워밍업

기본 스트레칭과 호흡법

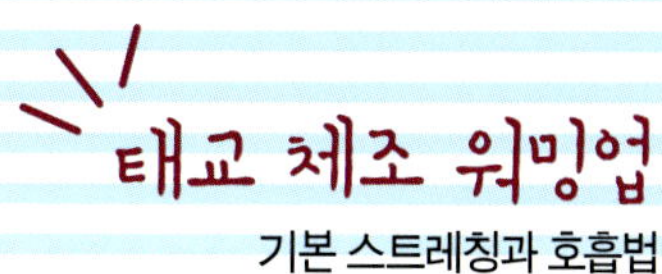

스트레칭은 원래 긴장을 풀어주며 비교적 장소에 구애 받지 않고 간단하게 즐길 수 있는 장점을 가지고 있어 과격한 운동을 피하고, 마음의 안정이 중요한 임신부에게는 더욱 유익하다.

특히 임신으로 인해 여러 가지 신체적 변화를 겪게 되는 임신 기간에는 안전하고 수월한 출산을 위해 근육의 이완과 혈액 순환 촉진을 위해 스트레칭과 체조를 더욱 필요로 하게 된다.

임신 시기 별로 자신에게 알맞은 스트레칭과 체조를 하여 자세를 바르게 유지하고 즐겁고 행복한 임신 기간을 보내도록 노력해야 한다.

엄마의 자세가 바르게 유지 될 때 태중의 아기도 안정적으로 신체 발달을 하게 되며 적정한 체중유지와 유연성을 길러 순산의 가능성을 높일 수 있다. 또한 출산 후 회복을 빠르게 촉진하여 임신 전의 몸매로 돌아가는 시간을 줄일 수 있으리라 기대한다.

또한 바른 호흡을 하면 아기에게 충분한 산소를 공급하여 아기의 뇌세포를 활성화 하는데 도움을 줄 수 있다.

여러 가지 호흡 중에서도 복식호흡을 하면 폐활량을 높여 주고 임신부의 몸과 자궁을 편안하게 이완시켜 긴장을 풀어 줄 수 있다. 복식호흡법은 먼저 코로 숨을 5초 마시며 배가 불룩하게 나오도록 하고 입으로 5초 내쉬며배를 등 쪽으로 당겨준다.

적절한 운동과 충분한 영양공급, 엄마의 행복한 마음으로 태내 환경을 잘 지켜주어서 지혜롭고 건강한 아기를 키워 낼 수 있다.

TIP 태교 체조와 함께하면 좋은 음악

엄마가 아기를 잉태하고 출산을 하기까지 280일의 시간을 기다리는 시간은 참으로 길고도 짧은 중요한 시간이다. 이때 가장 중요한 것은 항상 아이와 함께 한다는 것을 기억하고, 움직이고, 먹고, 자는 모든 일들이 태교라는 마음으로 조심하고 즐겁게 하는 것이다.

엄마의 기쁨과 즐거움, 깊고 지속적인 감정, 즐거운 기대감 같은 것이 아이의 정서 발달에 깊은 영향을 준다. 심장소리, 호흡소리, 위장의 운동 소리를 녹음해서 신생아에게 들려주면 편안하게 잠을 잘 잔다는 연구결과가 있다.

음악을 들을 때도 엄마가 즐겁고 행복한 음악을 아이도 좋아한다는 것이다. 태교음악이라 하면 클래식을 고집하는 부모님들이 많은데 그것보다 엄마가 좋아하는 가곡이나 동요, 가요도 좋다. 다만 너무 슬픈 가락이나 가사를 담고 있는 것을 조심하도록 하자. 한 가지 더 주의해야 할 것은 급격히 음향이 커지는 록음악이나 심포니 등은 태교음악으로 적합하지 않다. 가능하면 임산부가 즐기며, 흥얼거릴 수 있는 음악이면 더욱 좋다.

태교 음악 몇 곡을 추천하자면 아침에 눈 뜰 때는 바흐의 'G선상의 아리아',차이코프스키의 '잠자는 숲속의 미녀', 페라리의 '성모의 보석' 중 간주곡, 비제의 '아를루의 여인'이 좋다. 식사음악으로 크라이슬러의 '사랑의 기쁨', 쇼팽 피아노곡인 '즉흥 환상곡'이 좋다.

활기차게 움직일 때 차이코프스키 '호두까기 인형'을 권한다.

체조할 때 음악 동물원으로 생상스의 '동물의 사육제', 쇼팽의 '강아지 왈츠',차이코프스키의 백조의 호수 중에서 '정경'을 권한다.

운동 후 휴식 음악으로는 모차르트 '세레나데', 영화음악 〈티파니에서 아침을〉 중 'Moon River', 베토벤 '비창 소나타' 중 2악장이 편안한 기분을 더해줄 것이다.

숙면을 위한 음악으로는 슈만의 어린이 정경 중에서 '꿈', 크라이슬러의 '자장가'로 동화 속 상상을, 드뷔시의 '달빛', 푸치니의 나비 부인 중에서 '허밍 코러스' 곡이 좋다.

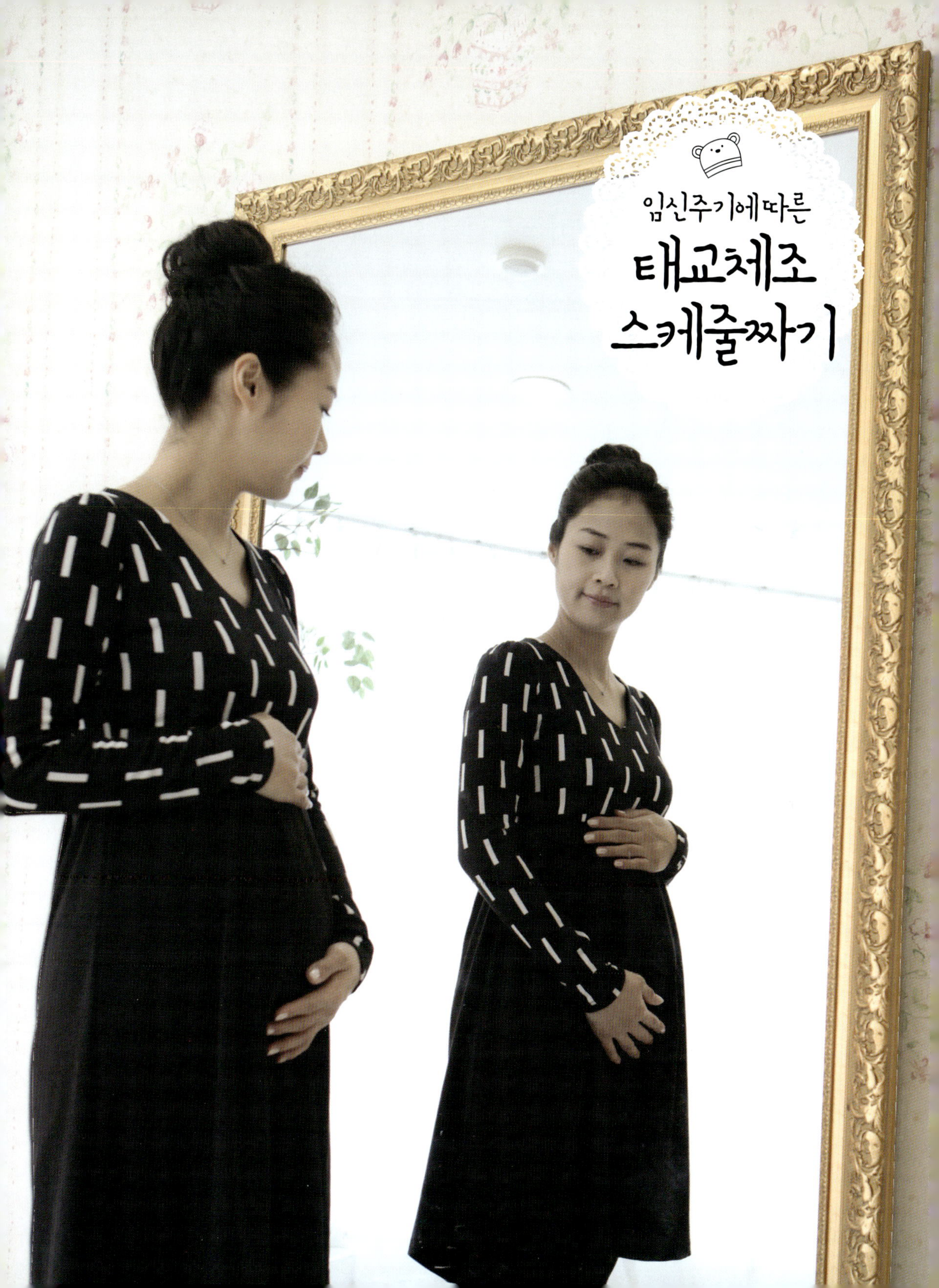

임신주기에따른

태교체조 스케줄짜기

초기

엄마 저 여기 있어요

임신 초기에 가장 중요한 점은 자궁 내 환경과 스스로 긍정적인 마음을 가지는 것이다. 몸의 새로운 변화에 두려움을 느끼기도 하며 예민하고 지치기 쉬운 시기이므로 몸과 마음을 편안하게 유지 하도록 한다.

스스로에게 '임신은 행복한 경험이며 출산은 아기와 만나는 기쁨의 순간이다' '나는 순산 할 수 있다'라고 매일매일 이야기하는 것이다. 준비 된 엄마는 반드시 건강하고 슬기로운 아기를 출산할 수 있다.

아기의 지능은 유전적 요소뿐만 아니라 자궁 내 환경이 더욱 중요하다. 충분한 영양, 산소 공급, 스트레스 물질 차단으로 엄마로서 자궁 환경이 만들어질 것이다.

임신 초기에는 격한 운동을 피해야 하지만 체조와 마사지는 엄마와 아가의 건강을 지켜주며 엄마의 예쁜 몸매를 유지하는 비결이다. 점점 아름다워지는 D라인의 배를 시계 방향으로 쓰다듬으며 태명을 불러 아가와 대화를 나누고 사랑의 고백을 하는 시간을 가져 보자. 엄마의 목소리와 손끝에서 전해지는 잔잔한 자극은 아이의 뇌 발달과 성장 세포 수를 증가시킨다.

복식 호흡을 통해 몸과 마음을 충분히 이완시키고 스트레칭을 통한 체조로 바른 자세를 유지하여 엄마와 아기에게 가장 좋은 환경을 출산의 그날 까지 유지하도록 한다.

또한 엄마들의 미모에 대한 관심은 예전보다 훨씬 높아져서 임신 후 체중 변화와 출산 후에도 그 몸무게가 빠지지 않을까 하는 두려움이 크다.

그래서 임신 중에 움직이지 않는다는 것은 옛말이다. 오히려 꾸준한 운동으로 체중을 관리해 팔다리는 가늘고 배만 나온 'D라인'이 유행이다.

평소 운동을 통해 근육과 관절, 인대 등을 적절히 자극하면 출산이라는 고통도 견딜 수 있다. 그러나 고강도 운동은 금물이다. 운동하면서 옆 사람과 정상적으로 대화할 수 있는 정도가 좋다. 일반인이라면 최대심박수(220-자기나이)의 60~90%, 최대산소 소모량의 50~85%가 적정 운동 강도이다. 임신부는 운동 강도를 최대심박수 60~70%, 최대산소 소모량 50~60%가 적당하다. 특히 초기에는 유산의 위험성도 있으므로 너무 힘든 운동이나 장거리 여행은 삼가는 것이 좋다.

스트레칭과 여기에 소개된 체조로 몸과 마음의 안정을 찾고, 아기와 교감을 나누면서 엄마로서 준비를 하는 것이 중요하다. 더 중요한 것은 임신이 엄마 혼자 몫이 아니라는 것이다. 아빠도 엄마의 몸과 마음이 편안하도록 임신 기간 내내 함께 한다.

엄마가 행복해야 아기도 행복하다는 것 언제나 기억하세요!!

01

복식호흡

허리를 펴고 바르게 앉아 어깨 긴장을 푼다. 손을 무릎에 자연스럽게 올려놓는다.
코로 숨을 들이 쉬며 아랫배를 부풀린다. 내쉬는 호흡에 배를 안으로 넣는다.
5초 마시고 5초 내쉬며 배로 숨 쉰다.

02

목운동

목과 어깨 경추를 자극하여 산소와 혈액이 원활하게 뇌로 전달된다.
양손을 깍지 끼고 머리 뒤에 놓는다.
머리를 손으로 누르며 고개를 숙여 뒷목을 충분히 늘여준다.

양손을 깍지 끼고 양 엄지손가락을 펴준다.
엄지 손가락으로 턱을 밀어 낸다.

숨을 내쉬며 귀가 어깨에 닿을 듯이 천천히 고개를 좌 · 우로 당겨준다.

03

어깨 풀어주기

두 손을 어깨 위로 올린다.

팔꿈치를 아래에서 위로 천천히 돌린다.

04

손목 풀어주기

양팔을 어깨 높이로 들어 올린다.

손목을 바닥을 향하여 꺾어준다.
손목을 몸쪽으로 당겨준다.

05

손 털어주기

양손을 들어 가슴 앞에서 털어 주어 부종을 없앤다.

06

발목 풀어 주기

편안히 앉아 발을 뻗어 발가락이 바닥에 닿을 듯이 밀어 준다.

발목을 최대한 몸 쪽으로 당겨 발끝이 나를 향하도록 한다.

07

골반자세

똑바로 앉아 발바닥을 마주 붙이고 무릎을 바닥에 댄다.
허리를 세워 팔꿈치가 바닥을 향하게 하여 천천히 몸을 숙인다.

천천히 상체를 일으키며 양 무릎을 털어준다.

08

고관절 풀어 주기

두 다리를 펴고 앉아 오른발을 왼쪽 허벅지 위로 가져간다.
왼손으로 발목을 오른손으로 무릎을 잡아 바닥을 향해 누른다.

반대쪽도 같은 요령으로 해준다.

09

방아자세

두손을 머리 뒤에서 깍지 끼고 오른쪽 다리를 밖을 향해 접는다.
펼쳐진 다리 쪽으로 기울이며 시선은 반대쪽 팔꿈치를 향한다.

기울일 수 있는 만큼 기울이다 상체를 세운다.

10

다리 벌려 몸 기울이기

허리를 세우고 앉아 두 다리를 펴고 발끝을 몸 쪽으로 당긴다.

상체를 천천히 앞으로 숙이고 손은 양쪽 발끝을 잡는다.
서서히 상체를 세운다.

11

고관절 운동

등대고 누워 오른쪽 무릎을 직각이 되도록 벌려 놓는다.
양팔을 수평으로 펼치고 손바닥이 바닥에 닿도록 한다.

오른쪽 다리를 들어 무릎이 직각이 되도록 오른쪽 바닥에 닿을듯 펼친다.

왼쪽다리도 같은 요령으로 한다.

12

기지개펴기

등을 대고 누워 왼팔을 위로 올리고 오른쪽 발을 당긴다.

팔을 바꿔 해준다. 양손을 머리 위로 하고 왼쪽 발끝을 몸쪽으로 당긴다.
긴장을 풀어 준다.

13

다리 늘이기

등을 대고 누워 오른쪽 다리를 구부려 깍지 껴 가슴 쪽으로 당긴다.
왼쪽 다리는 쭉 펴고 발끝을 세운다.

반대쪽 다리도 같은 요령으로 하고 다리를 내려 풀어 준다.

중기

머리부터 발끝, 마음까지 쑥쑥 자라요

이제 엄마는 자신의 변화에 적응을 하며 조금은 마음의 안정을 찾게 된다. 아기는 이제 엄마 자궁에 편안하게 자리 잡았고, 엄마는 남들은 몰라도 분명 배가 나오는 것을 실감할 것이다. 초기의 입덧은 조금 가라앉을 수 있겠지만, 본격적인 신체의 변화로 몸이 무겁게 느껴진다. 몸이 붓는 부종이 시작되기도 하고 등이 굽어지며 골반이 수축되는 시기이다. 그러므로 이 때는 골반을 확장하고 유연하게 풀어주는 체조와 척추를 바르게 펴고 비틀어지려는 자세를 바로 잡아주는 체조를 중점적으로 해야 한다.

또 아기가 점점 커감에 따라 배가 커져 위와 심장을 압박하는 증상이 나타나기도 한다. 이런 증상의 완화를 위해 목과 어깨를 부드럽게 풀어 준다.

이 시기에는 엄마와 아기의 체중이 증가하는 시기이므로 이로 인해 다리가 부어 힘들어지기도 한다. 이때는 천천히 다리의 근육을 자극하거나 발목 돌리기 등 발목 운동으로 부기를 해소해 주어야 한다. 단순한 붓기라고 부종을 방치 하면 혈액순환이 잘 되지 않아 자궁 내 환경이 나빠져 아기의 성장 발달에 영향을 줄 수 있다. 이것은 곧 태아 프로그래밍에 영향을 끼친다는 것인데 태아 프로그래밍은 자궁 내부에서 일정한 환경에 지속적으로 노출된 태아가 성인이 된 뒤에도 태아 때의 체질이 그대로 나타나는 것을 말한다. 태아기에 자궁 내부에서 받은 영향은 성인기 까지 이어지게 된다. 이 태아 프로그래밍의 핵심 요소는 바로 태아를 보호하고 있는 양수이다. 이 중요한 양수는 신기하게도 임신 3개월까지는 엄마가 만들어 주고, 그 이후에는 태아가 스스로 만든다. 그보다 더 놀라운 사실은 엄마가 행복하고 건강할 때 아기가 건강한 양수를 만들어 낸다는 것이다.

그러므로 엄마는 태중 환경이 자녀의 평생에 영향을 줄 수 있다는 생각을 머리와 가슴에 각인시키고 좋은 자궁 내 환경을 만들어 양수를 통한 자궁 내 태아 프로그래밍을 성공적으로 완성해야 하도록 온 정성을 다해야 한다.

01

비틀기자세

양손을 등 뒤로 짚고 앉는다.
왼쪽 발을 들어 오른쪽 무릎 위에 올려 놓는다.

왼쪽 무릎이 오른쪽 바닥에 닿도록 밀어주며 시선은 왼쪽을 본다.
반대쪽도 같은 요령으로 한다.

02

어깨풀어주기

다리를 접고 허리를 펴 바르게 앉는다.
어깨를 귀에 닿도록 끌어 올린다.

힘을 빼며 털썩 떨군다.

03

등 풀어 주기

양손을 뒤로 맞잡고 팔을 조금씩 위로 들어 올린다.
이 때 머리를 뒤로 넘겨 준다.

서서히 제자리로 내려준다.

04

고양이자세

기어가는 자세에서 두 손과 두 발을 어깨 너비로 벌린다.

숨을 내쉬며 등을 둥글게 말아 올린다.

숨을 마시며 허리를 아래로 끌어 내려주고 머리를 뒤로 젖혀준다.

05

누워 다리 넘겨 주기

등 대고 양발을 모으고 팔은 수평으로 벌리고 손바닥이 바닥에 닿도록 한다.

왼쪽 다리는 무릎을 편 상태로 들어 올린다.

다리를 오른쪽으로 넘겨주며 시선은 왼쪽 손을 바라본다.
반대쪽도 같은 요령으로 한다.

06

허리들어 올리기

바닥에 등 대고 누워 양 무릎을 세워 준다.

발목을 양손으로 잡는다.

엉덩이를 최대한 들어 올린다.
잠시 유지 하고 내려와 쉰다.

07

고양이 자세 변형

엎드린 자세로 양손과 양발을 어깨 너비로 벌린다.

양손을 앞으로 밀어 상체가 바닥을 향하도록 한다.

턱과 가슴을 바닥에 대고 두 팔을 앞으로 최대한 밀어 준다.

2~3분 자세를 유지하고 돌아 온다.

08

누워 등 들어 올리기

등대고 누워 양발을 모으고 주먹을 쥐고 팔꿈치를 구부려 가슴에 댄다.

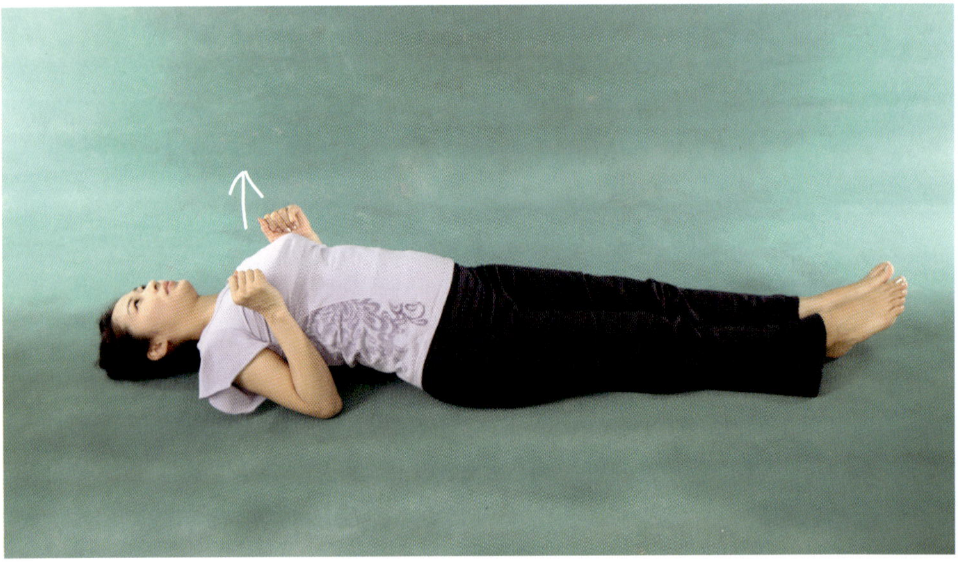

팔꿈치로 바닥을 지지하며 가슴을 들어 올린다.

정수리와 엉덩이는 바닥에 닿도록 한다.

척추를 펴는 느낌으로 유지하다 내려와 쉰다.

09

척추 바로 잡아주기

다리는 양반 자세, 양팔은 머리 위로 쭉 뻗어 척추를 늘인다.

허리를 세우고 오른쪽으로 돌리고 왼손등을 오른쪽 무릎에 댄다.
오른손은 꼬리뼈 뒤쪽의 바닥을 짚는다. 반대 방향으로도 비틀어 준다.

10

옆구리 풀어주기

양반 다리로 앉아 왼손은 바닥에 대고 오른 팔은 귀 옆에 붙여 뻗는다.

왼 팔꿈치가 바닥에 닿도록 늘이고 상체를 왼쪽으로 기울인다.
반대 방향도 같은 요령으로 한다. 이때 골반은 움직이지 않도록 주의한다.

11

비틀어진 상체 교정하기

다리를 어깨 너비보다 넓게 벌리고 척추를 세우고 선다.

몸을 숙여 양 손으로 발목을 잡는다.
한손은 반대쪽 발목을 잡고 몸을 비틀며 반대쪽 팔은 뒤로 쭉 뻗어준다.

12

옆구리 스트레칭

다리를 어깨 너비로 벌리고 바르게 선다.
양팔을 위로 뻗어 깍지 낀다.

천천히 옆으로 구부려 옆으로 펴준다.

13

온몸 늘이기

등대고 누운 뒤 양팔을 위로 쭉 펴준다.

손끝에서 발끝까지 힘을 주어 온몸을 쭉 펴준다.

14

손발 털어주기

등대고 누워 양팔과 다리를 위로 올린다.
긴장을 풀고 손발을 털어준다. 1~2 분간 지속하다 힘없이 툭 떨군다.

후기

순산을 기다리며 (골반확장)

임신 후기가 되면 아기의 건강과 순산에 대한 불안이 찾아오게 되고, 태아가 점점 커지기 때문에 혈액 순환이 안되고, 숙면 취하기 어려울 수 있을 만큼 몸이 무리가 올 수 있으므로 아기 낳을 때 필요한 근육을 만들며 순산에 대한 엄마의 마음을 다시 한 번 다잡아야 하는 시기이다.

순산체조를 통해 허리를 강화하고 처지는 배를 탄탄하게 받쳐주고 허리에 무리가 오는 것을 방지하기 위해 복근근육 강화로 복근을 만들어 조산의 위험을 미리 예방해야 한다. 출산 전의 복부운동은 출산 이후 벌어지는 골반과 느슨해진 복부 근육을 회복하는 데도 도움이 된다.

배와 허리 주변의 근육이 약해지면서 허리에 무리가 되어 요통이 생기기도 한다. 이때에는 복부와 허리 부위의 근육을 강화하는 체조를 하여 허리를 풀어 주고 요통을 해소해 주어야 한다.

또한 질 근육 운동과 골반 확장 운동을 통해 하체를 강화시켜야 한다. 남편과 산책을 하며 대화를 나누면서 맑은 산소를 많이 마셔 태내로 가는 산소량을 늘려 아기의 두뇌 활성화를 돕고 걷기 운동을 하여 늘어나는 체중을 효과적으로 조절한다.

우리는 이제 순산을 위해 호흡법도 함께 할 시기이다. 숨을 마시고 내쉬는 법, 숨을 참는 법, 복식호흡으로 몸을 이완시키는 법과 질과 항문 주변의 근육을 조였다 풀었다 하는 동작을 익숙해지도록 연습한다.

출산에 대한 막연한 두려운 마음을 접어두고 엄마와 아빠가 한마음으로 아기를 바라보며 공감하는 사랑의 터치를 해보자.

아빠와 함께 손을 잡고 순산을 기대하며 가장 아름답고 행복했던 순간을 떠올리며 행복하고 아름다운 이야기를 나누자.

아빠는 엄마한테 항상 고맙고, 사랑하는 마음을 표현하고, 엄마도 아빠의 수고와 사랑에 감사와 애정을 늘 이야기 나누어 아이가 태어나도 부부 사랑은 더 깊어질 것이란 믿음을 서로에게 주도록 한다.

지금 불안한 사람은 엄마 뿐이 아니라 아빠도 마찬가지이고 임신과 육아 모두 부부 울타리 안에서 이루어지는 결실이란 것을 잊지 말도록 하자.

01

등대고 누워팔꿈치로 등 들기

누운 자세에서 팔을 접어 가슴에 붙인다.
두 주먹을 쥐고 팔꿈치를 바닥에 대고 받친다.

가슴을 들어 올리며 고개를 뒤로 넘긴다.
이 때 정수리가 바닥에서 떨어지지 않도록 한다.

02

허리 비틀기

누워서 왼다리를 세우고 오른발을 왼무릎 위에 놓는다.

왼손으로 오른 무릎을 잡고 오른팔은 손바닥이 바닥에 닿게 펴준다.

양 무릎을 왼쪽으로 돌려 바닥에 닿게 내린다.
이때 시선은 오른쪽으로 돌려 손끝을 본다.

반대쪽도 같은 요령으로 해준다.

03

골반 관절 풀어주기

오른쪽 발꿈치를 오른쪽 엉덩이에 오게하고 다리를 구부리고 앉는다.
왼쪽 다리는 구부려 발바닥이 오른쪽 허벅지에 오도록 한다.

상체를 살짝 뒤로 젖혀 천천히 골반을 앞뒤로 움직여 준다.
자세를 바꿔 반복 한다.

04

혈액순환 도와주기

벽을 마주 보고 누워 다리를 벽에 직각이 되도록 걸쳐 놓는다.
허리 아래 작은 쿠션을 넣어 허리를 보호해 주어도 좋다.

05

어깨풀어 주기

양반 다리로 앉아 척추를 펴고 앉아 오른손으로 왼손목을 잡는다.

오른손으로 왼팔을 등 뒤에서 대각선 아래로 당겨주며 머리를 왼쪽 어깨 쪽으로 기울인다.
반대편도 반복한다.

06

고관절 풀어 주기

척추를 곧게 세우고 앉는다.
오른쪽 다리를 몸 쪽으로 양팔로 잡아 올린다.

오른쪽 다리를 왼쪽 팔꿈치에 걸어 두 손으로 끌어 앉는다.
반대쪽도 같은 방법으로 반복한다.

07

순산 위한 동작

등대고 바로 누워 양쪽 다리를 구부려 발바닥을 맞대고 기도하는 손을 한다.

팔을 위로 올릴 때 다리를 아래로 뻗어 준다.

팔을 내리며 다리를 다시 모은다.

08

힘 기르기 체조

똑바로 서서 발을 어깨 너비 보다 넓게 벌린다.
다리는 구부려 기마 자세가 되도록 하고 양팔을 직각으로 구부려 세운다.

다리를 아래로 구부리며 팔은 무거운 줄을 당기듯 천천히 힘주어 끌어 내린다.
이 동작을 5~6회 반복한다.

09

비틀기자세

양손을 등 뒤로 짚고 두발을 뻗은 뒤 오른발을 왼쪽 무릎 위에 올려 놓는다.

오른쪽 무릎은 왼쪽 바닥으로 내린다. 시선은 반대쪽 어깨너머를 본다.
반대쪽도 같은 요령으로 한다.

10

허리 비틀기 Ⅱ

누워서 양 무릎을 세우고 양손은 깍지 껴 머리 베개 한다.

양 무릎을 오른쪽으로 비틀어 바닥에 닿게 한다. 시선은 반대쪽으로 향한다.
반대쪽도 같은 요령으로 한다.

11

다리 한 쪽씩 잡아 당기기

바닥에 등대고 누워 오른쪽 무릎을 세워준다.
오른 무릎을 잡아 가슴쪽으로 당긴다.

반대쪽도 같은 요령으로 해준다.

12

골반열기자세

두 다리를 벌려 앉고 오른 무릎을 구부려 왼쪽 허벅지애 댄다.
양손은 머리 뒤에서 깍지 낀다.

상체를 왼쪽으로 기울이고 시선은 오른쪽 팔꿈치를 본다.

13

골반 열어 주기 Ⅱ

등 대고 누워 오른쪽 다리를 직각으로 접어 들어올린다.

무릎이 바닥을 향하도록 오른쪽으로 내려 놓는다. 이때 바닥에 닿지 않게 한다.
반대쪽도 같은 요령으로 한다.

14

허리 풀어 주기

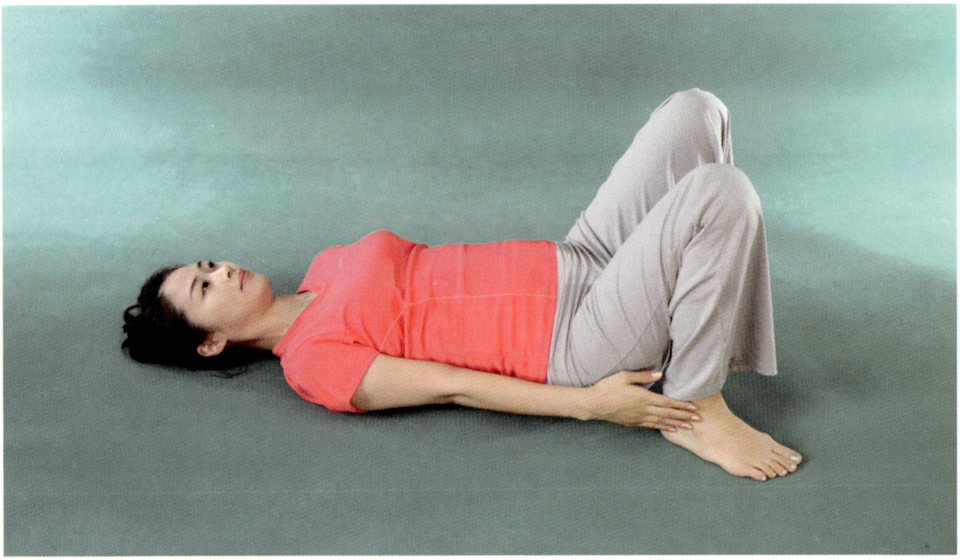

바닥에 등 대고 누워 다리를 구부려 양손으로 발목을 잡는다.

엉덩이를 최대한 끌어 올린다.

호흡과 함께 천천히 내려 놓는다.

TiP 태교 체조와 함께하면 좋은 음식

'태아 프로그래밍 (fetal programming)'은 '사람의 평생 건강이 태아 때 엄마로부터 받은 영양 상태에 따라 결정된다'는 이론이다. 자궁 내 환경은 태아에게 일정한 자극과 영향을 주는데, 임산부가 이 환경을 조절해주면 출생 후 아이에게 발생할 질환을 미리 예방할 수 있다는 것이다. 이는 임신 기간 동안 엄마의 영양 상태가 중요한 이유를 설명해준다.

임신부는 임신전 영양섭취보다 많은 칼로리의 섭취가 요구되는데, 단백질, 무기질, 비타민 함량이 높은 음식 위주로 섭취하고, 지방이나 당류의 함량이 높은 식품은 줄이는 것이 바람직하다.

임신 전부터 챙겨먹는 엽산 임신을 계획한 순간부터 꼭 섭취해야 할 영양소가 바로 엽산이다. 엽산은 세포생성 및 분열에 관여하는 영양소로 태아의 뇌가 생성되는 시작하는 초기단계뿐만 아니라 적혈구 생성을 도와 출혈이 많을 임신 후기 출산을 위해서도 필요한 영양소다.

시금치, 양배추, 키위, 딸기 등과 같은 채소와 과일에 많이 함유되어 있으며 수용성 비타민이기 때문에 지나치게 가열을 하지 않도록 해야 한다.

태아 성장 도와주는 칼슘 임신 초기에는 태아의 신경세포의 분화가 시작되면서 신경계, 비뇨기계, 피부와 뼈의 기반이 형성되는 시기로 칼슘이 풍부하고 소화가 잘 되며 단백질이 풍부한 식품들을 섭취해야 한다.

칼슘이 가장 많이 함유되어 있고 체내 이용률이 높은 식품은 우유다.

임신 5개월부터 출산 후까지 철분 임신 중기에는 태아의 성장이 완성되는 단계로 모체의 혈액을 통해 태아가 더 많은 영양소를 공급받기 때문에 빈혈이 일어나기 쉽다. 예방하기 위해서는 적혈구 생성을 돕는 적정량의 철분섭취가 필요하다. 붉은 살코기, 간, 달걀 등이 있으며 음식으로 하루 권장량의 섭취가 불가한 경우 전문의와 상담 후 산모에게 맞는 철분제를 복용하는 것이 좋다.

행복한 임신기간을 위한 체조

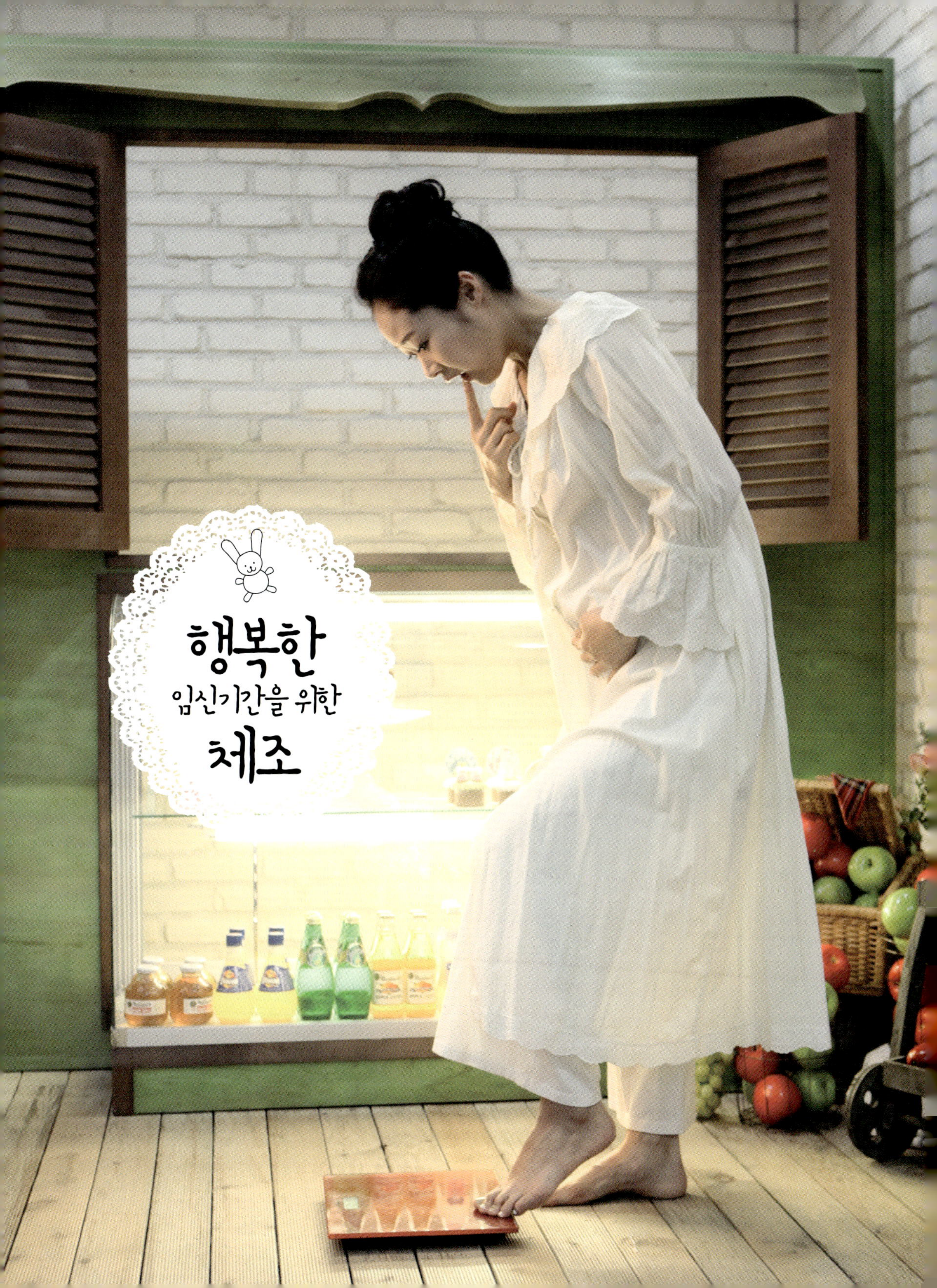

행복한 임신 기간을 보내기 위해서는 가장 먼저 엄마가 정신적, 신체적으로 편안함을 느낄 수 있어야 한다. 태교 체조 이외에 마음의 안정을 위한 태교법을 함께 하도록 한다. 태교법이라고 꼭 안하던 특별한 무언가를 배우라는 것이 아니다. 모두 엄마가 아기를 생각하며 위하는 하루 하루의 생활 모두 태교가 될 수 있다. 먼저 클래식만 고집하지 말고 엄마가 편안히 듣기 좋은 음악을 들어 뇌의 활동을 활발하게 하고 호르몬을 조절하며 불쾌한 마음을 없애주고 근육의 긴장을 풀어 마음의 안정감을 주어 행복을 키울 수 있게 해준다.

또한 영양을 생각한 고른 음식 섭취를 통한 태교법을 통해 엄마의 음식이 태아의 평생 건강을 좌우하므로 안정적이고 고른 식습관으로 태아의 기본 골격과 근육형성, 두뇌발달을 위해, 건강한 아기를 낳으려는 노력을 한다. 정결하고 깨끗한 음식을 먹되 즐겁고 감사한 마음으로 식사하도록 한다.

또 반드시 부부 모두 태교를 한다. 서로의 변화를 이해하고 나누며 마음을 모아 출산을준비하는 것이다. 남편의 따스한 손길에서, 사랑과 격려의 음성에서 아내는 안정을 느끼며 행복한 출산을 준비하게 된다.

이와 같은 안정된 마음으로 뭉치기 쉬운 어깨를 푸는 체조, 손발의 부종을 없애는 체조, 허리 통증을 완화 시키는 체조, 소화 장애를 해소하는 체조, 틀어진 골반 바로 잡아주는 체조, 체중 조절을 위한 체조를 함께 한다면 엄마는 준비된 건강하게 행복한 임신 기간을 보낼 수 있을 것이다.

굳은 어깨 풀기

목운동

자세를 바르게 하고 앉는다.
고개를 앞으로 숙인다.

고개를 뒤로 넘겨준다.

머리를 좌·우로 기울여준다.

굳은 어깨 풀기

어깨돌리기

두 손을 어깨 위로 올린다.
숨을 마시며 팔꿈치를 위에서 아래로

숨을 내쉬며 팔꿈치를 아래에서 위로 천천히 돌린다.

어깨들어 올리기

숨을 들이 마시며 어깨를 귀에 닿도록 올리고

숨을 내쉬며 어깨를 툭 떨군다.

손발 털어주기

등 대고 누워 손발을 자연스럽게 올린다.

편안하게 손발을 털어준다.

손발 부종 없애기

발목운동

다리를 뻗고 앉는다.
발끝을 몸쪽으로 당겨준다.

발끝을 바닥으로 밀어준다.

천천히 양 발목을 돌려준다.

손발 부종 없애기

발마사지

무릎을 세워 벌리고 앉는다.
무릎부터 발목까지 쓸어내린다.

종아리 뒤쪽 중심선을 손가락으로 지압하듯 꾹꾹 눌러준다.

허리 강화로 통증 없애기

골반 돌리기

엉덩이를 앞, 뒤, 좌, 우로 밀어준다.

천천히 원을 그리듯이 골반을 돌려준다.

고양이자세

기는 자세로 정면을 쳐다 본다.

숨을 들이쉬며 최대한 등을 둥글게 말아 올린다.

숨을 내쉬며 목을 뒤로 젖혀 턱을 위로 밀고 허리를 낮춘다.

허리 강화로 통증 없애기

허리 들어 풀어주기

등 대고 누워 무릎을 세운다.

허리와 엉덩이를 들어올린다.
천천히 내려준다.

옆구리 늘이기

손을 깍지 끼고 가슴 앞으로 내밀며 고개를 숙여준다.

깍지 낀 손을 위로 올려 양옆으로 몸을 늘이듯 기울인다.

다리 한쪽씩 잡아 당기기

바닥에 등대고 누워 한쪽 무릎을 세운다.

무릎을 가슴쪽으로 당긴다.

반대쪽도 같은 요령으로 한다.

고관절 스트레칭

바닥에 앉아 오른쪽 다리를 옆으로 열어주며 앉는다.

한쪽 다리를 뒤쪽으로 길게 펴준다.

반대 방향도 같은 요령으로 해준다.

틀어진 골반 잡아주기

발바닥 붙여 골반 열기

양 발바닥을 마주 붙여 손으로 발끝을 잡는다.
양 무릎을 위아래로 ~5회 털어준다.

상체를 깊숙이 숙여준다.

틀어진 골반 잡아주기

방아자세

두 손을 머리 뒤에서 깍지끼고 오른 다리를 밖으로 접는다.

펼쳐진 다리 쪽으로 기울이며 시선은 반대쪽 팔꿈치를 본다.

몸을 세우고 허리를 반대 방향으로 돌려준다.
반대쪽도 같은 요령으로 해준다.

몸 비틀어 주기

양손을 등 뒤에 짚고 두 다리를 뻗는다.

오른발을 들어서 왼쪽 무릎 위에 올려놓는다.

숨을 내쉬며 오른쪽 무릎을 왼쪽 바닥으로 내린다.
시선은 오른쪽 어깨 너머 손끝을 본다.

반대쪽도 같은 요령으로 한다.

팔꿈치로 등 들기

누워 팔은 두 주먹을 쥐고 팔꿈치를 바닥에 대고 받친다.

가슴을 들어 올리며 고개를 뒤로 넘긴다.
이 때 정수리가 바닥에서 떨어지지 않도록 한다.

개구리 운동자세

다리를 양옆으로 벌리고 쪼그리고 앉는다.

엉덩이를 위아래로 흔들어 준다.

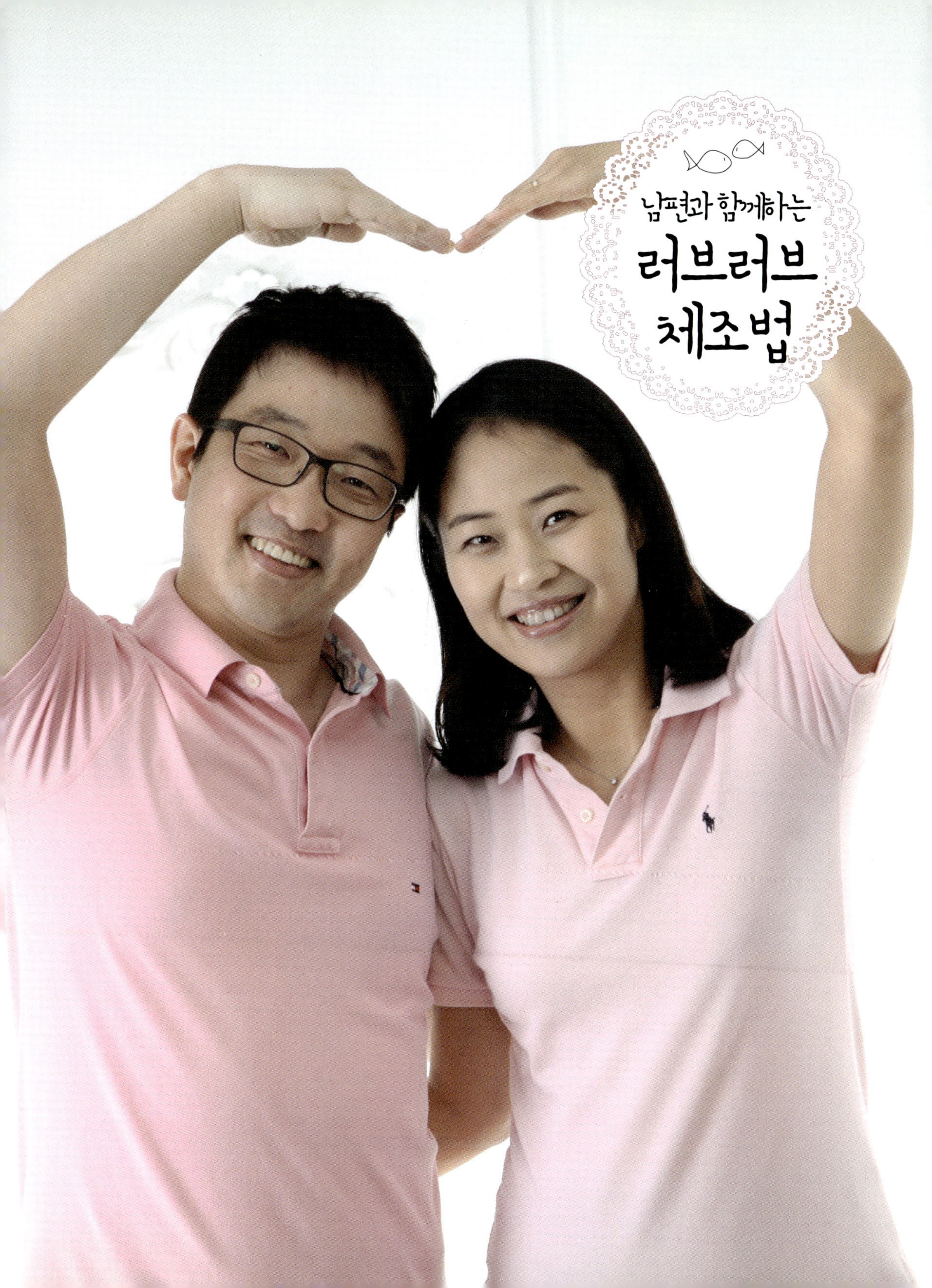
남편과 함께하는
러브러브
체조법

남편과 아내에게 임신이라는 기간은 부부 사이를 더 가깝게도 할 수 있고, 멀게도 할 수 있는 중요한 시기이다. 남자와 여자로 만나 부부가 되고, 이제 다시 한 번 엄마와 아빠로 성장하는 시기이기 때문이다. 아내는 임신으로 여러 가지 예상하지 못한 여러 가지 몸의 변화를 겪게 된다. 임신을 하면서 신비감과 설레임도 있지만 난생 처음 경험하는 일들로 때로는 외롭기도 하고 힘이 든다. 남편이 아내의 불안한 감정을 읽고 응원하고 이해하면서, 아내의 수고를 격려하며 로맨틱한 이벤트를 준비하는 건 어떨까?

바쁜 스케줄 때문에 매일은 불가능하겠지만 최대한 자주 몸이 무거워진 아내의 안전과 심적인 부담을 줄여주면서 가볍게 함께 산책하며 손잡아 주며 걷다가, 벤치에 앉아 배 위에 손을 대고 따뜻하게 아가와 태담을 나누는 시간을 가져 보는 것도 신혼 때와는 또 다른 신선한 데이트가 될 것이다.

집에서도 부종으로 힘들어 하는 아내의 다리와 팔, 발을 부드럽게 만져주며 사랑 가득한 눈빛으로 쳐다보면서 부드러운 손길로 마사지 해주자.

마사지 받는 아내도 쑥스럽다고 하지 말라고, 괜찮다고 할 것이 아니라 황후처럼 우아하게 받고, 바꿔서 하루종일 수고한 남편의 뭉친 어깨와 피곤한 다리를 주물러 주자.

아빠와 엄마는 임신과 출산이 여성만의 몫이 아니라 남편과 함께하는 기쁨의 순간임을 깨닫게 된다. 그리고 아내도 항상 곁을 지켜주는 남편의 존재로 인해 출산의 두려움과 고통에서 벗어날 수 있을 것이다.

함께 산책하며 할 수 있는 체조

아가와 태담 나누며 걷기

태명을 불러 주며 주변이나 일상을 자연스레 이야기 하며 공원을 천천히 산책한다.

함께 산책하며 할 수 있는 체조

인디안 걸음 걷기

남편의 손을 잡고 무릎을 최대한 들어 올리고 걷는다.

함께 산책하며 할 수 있는 체조

복식호흡하기

코로 숨을 마시며 배를 최대한 부풀리고 내쉬는 호흡엔 배를 안쪽으로 당기는 느낌으로 넣어 준다.

실내에서 함께하는 간단 짝체조

옆구리 스트레칭

한 발이 붙도록 가까이 서서 둘이 안쪽 손끼리 바깥쪽 손끼리 잡는다.
바깥쪽 무릎을 천천히 구부리면서 몸을 바깥쪽으로 당겨준다.

어깨잡고 숙이기

서로 마주 보고 서서 양 어깨를 잡고 허리를 숙인다.

허리와 다리의 각도는 90도를 유지한다.

골반 확장 자세

팔꿈치를 낀 채로 어깨너비로 다리를 벌려 등을 맞대고 선다.

무릎을 천천히 굽히면서 등을 대고 천천히 내려 간다.

실내에서 함께하는 간단 짝체조

등과 팔 올리기

등대고 서서 팔벌려 손바닥을 마주 댄다.
옆구리를 기울여 한쪽 등과 팔을 올린다. 시선은 올린 손을 본다.

허리운동

남편과 등대고 서서 허리를 틀어 얼굴을 마주 보며 손바닥을 맞댄다.

발가락 만져주기

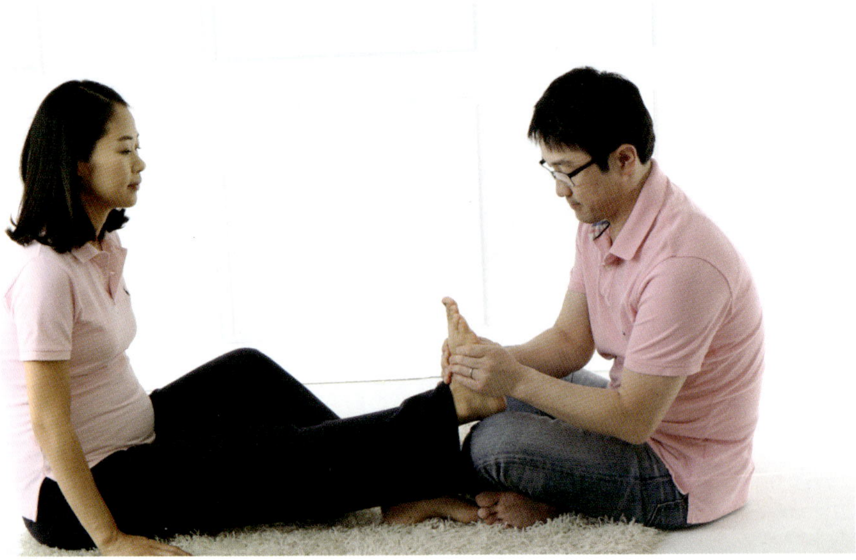

양손으로 발바닥 뒤쪽 주름 모인 부분을 눌러준다.
발바닥 가운데를 누른 뒤 아래에서 위쪽으로 쓸어준다.

발바닥 쓸어주기

발바닥 위쪽의 주름이 모인부분(용천자리)을 엄지 손가락으로 눌러 준 뒤 아래에서 위로 안에서 밖으로 쓸어올린다.

남편의 감동 마사지

팔 다리 털어주기

남편의 양손바닥 사이에 아내의 팔을 넣고 위에서 아래로 툴툴 털어준다.

다리도 같은 요령으로 한다.

바른 자세를 위한 생활습관 체크

보통 임신하면 12kg 정도 늘어난다. 저체중인 경우 12.5~18kg, 과체중인 경우 7~11.5kg을 넘지 않는 것이 좋다. 체중이 급격히 증가하면 임신중독증 · 고혈압 · 부종 같은 합병증이 발생할 수 있다. 출산 후에 비만으로 이어지기도 한다. 엄마의 바른 자세는 임신 기간 내내 아기와 엄마 모두에게 매우 중요 하다.

자궁의 위치나 혈액순환에 직접적인 영향을 미치며 태아의 영양 공급에도 영향이 있다. 엄마의 자세가 불편하거나 나쁘면 아기도 함께 불편을 느낀다. 컴퓨터하는 시간을 줄이고, 똑같은 자세로 오래 일을 하거나 몸이 무거워져 누워 있는 시간이 길어지면 점점커가는 아기로 배가 불러와 몸의 무게 중심이 뒤로 옮겨져 허리가 더욱더 아프게 된다.이때 허리와 골반 근육을 강화하는 체조를 통해 요통과 골반 통증을 완화 시켜 준다.

평소 걷는 것도 주의해야 한다. 임신부가 걸으면 자궁 입구가 자극받아 조금씩 열리기 때문에 태아의 얼굴이 골반 쪽으로 내려와 순조로운 출산을 돕는다. 혈액 순환도 원활해져 요통이나 변비를 없애준다. 폐활량도 늘어나 복식호흡이 가능해지는데 이는 아기를 낳을 때 호흡과 일치한다. 온몸의 근육을 모두 쓰는 전신 운동이라 체중 유지에도 도움이 된다.

임신부의 바른 자세로 걷는 것이 중요한 이유는 잘못 하면 배가 무겁다 보니 뼈나 근육에 무리를 줄 수 있다. 우선 고개를 바로 세워 5~10m 전방을 바라본다. 가슴과 등을 똑바로 펴야 허리를 보호할 수 있다. 걸을 때 팔을 지나치게 크게 흔들면 몸 전체의 균형이 깨지므로 어깨 힘을 빼고 자연스럽게 앞뒤로 흔든다.

조금 큰 걸음을 디딘다는 느낌으로 걷는 것이 좋다. 보폭을 넓게 걸으면 혈액순환에 효과적이며 산도가 넓어져 순산에 도움이 되기 때문이다. 그렇다고 몸에 무리를 느낄 정도로 해서는 안 된다.

또한 항상 허리를 억지로 꼿꼿이 세우고 서서 불편하게 있으라는 것은 아니다. 집안 일을 하면서나 쉬면서도 아기와 엄마의 건강과 순산을 생각하며 태교하는 마음을 갖고 움직이라는 것이다. 바른 자세를 가진 아기를 낳고 싶다면 먼저 엄마의 자세가 바르게 유지되어야 한다는 것을 말하고 싶다.

집안일 할 때

분만촉진 걸레질

쪼그리고 앉아 걸레질을 하면 골반을 열어 태아가 내려오기 쉽게 한다.

집안일 할 때

설거지하며 괄약근 조이기

서서 일을 하면서 괄약근과 질 근육을 배꼽을 향해 천천히 조여 올린 뒤 4초 동안 멈추고 다시 천천히 풀어 준다.

잠잘 때

모관운동 하기

누워서 두 팔과 다리를 들고 동시에 10초 동안 털어 준다.
부종 완화에 도움을 준다.

옆으로 다리 들어 원 그리기

옆으로 누워 두 다리를 모아 아래로 뻗는 다. 반대쪽 손은 바닥에 놓는다.

숨을 내쉬며 다리를 들어 올린다.

들어 올린 다리로 원을 그린다.

시계방향과 반대 방향도 각각 돌려준다.

잠잘 때

심즈 자세로 쉬어 주기

왼쪽 방향으로 누워 팔과 다리를 편하게 풀어준다.
쿠션을 놓아 다리의 위치를 높여준다.
종아리와 발의 혈액순환이 좋아져 피로가 풀리고 잠이 잘 온다.

TV시청 할 때

나비자세로 골반 열어주기

바닥에 앉아 양 발바닥을 마주 붙이고 나비 모양의 자세로 만든 다음 양 무릎을 위아래 로 털어 준다.

10회 반복 후 쉬어준다.

TV시청 할 때

가슴 운동

양손을 주먹 쥐고 팔을 양옆으로 굽혀 벌린다.

다시 앞으로 모아주는 동작을 반복한다.

TV시청 할 때

손목 털어주기

양손을 가볍게 여러 번 털어 손목을 풀어 준다.

TV시청 할 때

몸 비틀기

다리 뻗고 앉아 오른발을 들어 왼쪽으로 넘긴다.

왼손으로 오른쪽 무릎을 당기고 오른손은 뒤로 보내며 몸을 비틀어 준다.
반대쪽도 같은 요령으로 한다.

TV시청 할 때

목운동 해주기

양반다리로 앉는다.

상하로 고개를 당겨준다.

좌우로도 돌려준다.

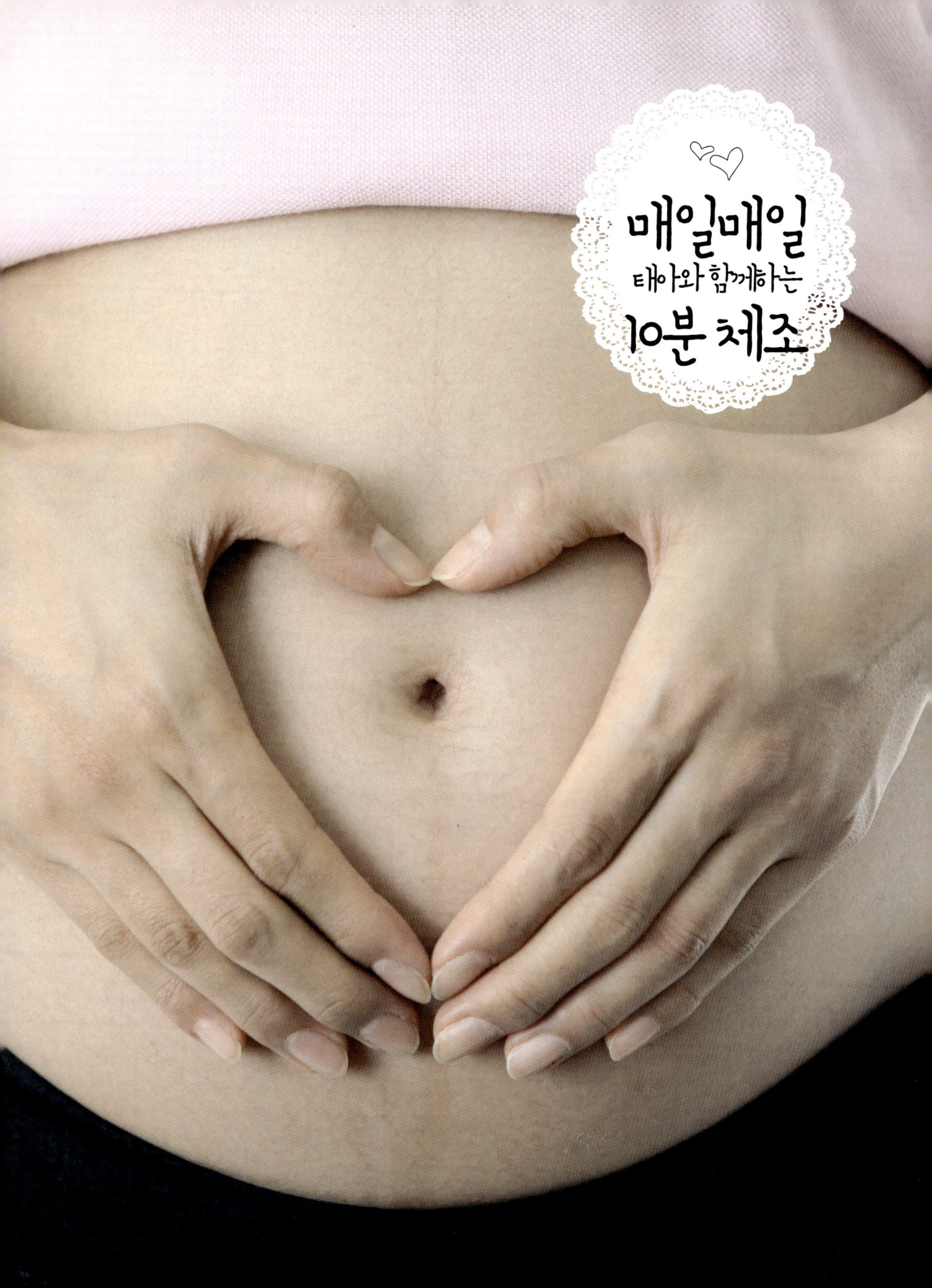
매일매일
태아와 함께하는
10분 체조

눈에 보이지 않는 태아가 뱃속에서 체조를 함께 한다고 하면 의아하게 생각할 수 있겠지만 가만히 생각해 보자. 엄마의 몸 중심에 있는 태아는 엄마의 움직임에 가장 민감하게 반응을 보일 수 밖에 없다. 엄마가 슬프거나 놀라는 감정까지도 아기에게 전달된다는 것도 과학적으로 검증된 지금 엄마의 움직임이 태아에게 전달되지 않는다고 생각하는 것은 아닐 것이다. 과학적으로 검증되기도 한 결과를 소개하자면 운동을 하면 몸에서는 베타 엔돌핀을 비롯한 행복호르몬이 만들어지고, 탯줄을 통해 뱃속의 아이에게도 전달된다고 한다. 이 호르몬은 운동이 끝나도 8시간이나 지속된다. 그리고 운동을 하는 동안 감정적으로 안정된 엄마의 움직임은 태아에게 부드러운 흔들림으로 느껴져 편안함을 느낄 수 있다.

이렇게 좋은 체조이지만 계획 세우며 주치의와 상담을 하며 엄마가 특별한 휴식이 필요한 것은 아닌지, 체조가 무리되지 않는 지 확인할 필요가 있고, 스스로 본인의 몸 상태에 대해 시시각각 예민하게 인지할 수 있는 지각능력도 필요하다.

물론 가장 중요한 것은 체조를 하면서 '내 몸이 좋다고 하는가?', '나는 이 움직임이 즐거운가?'에 대해 답하는 것이다. 이 역시도 본인에게 가장 알맞은 운동을 스스로 찾아가는 과정을 거쳐야 알 수 있다.

지금까지 임신 주기에 맞춘 체조, 남편과 함께 하는 러브 체조, 평소 생활 체조 등을 살펴 보았다. 이렇게 매일 매일 잊지 않고 할 수 있다면 가장 이상적인 체조 스케줄이 되겠지만 직장 생활을 하면서, 혹은 외출에서 돌아오면서 처음부터 끝까지 할 수 있는 사람은 많지 않을 것이다. 그래서 매일매일 꼭 빼먹지 않고 할 수 있는 쉬운 10분 체조 프로그램을 만들어 소개하고자 한다.

체조를 너무 고집해서 매일매일 해야 한다는 부담감도 떨치자. 컨디션이 너무 나쁘거나 피곤할 때, 감기에 걸려 쉬어야 할 때는 마사지 정도로 끝내고 쉬는 것도 태교의 방법이다.

바쁠 때는 무리하지 않고 아기와 엄마를 위한 10분 체조로 하루를 시작하고 마무리해보도록 하자.

도구를
이용한
체조

의자

호흡하기

의자에 앉아 허리를 펴고 양손을 내린다.
기지개 켜듯이 손을 서서히 들어 올린다.

숨을 내쉬며 양옆으로 원을 그려 내려 온다

엉덩이 풀어 주기

다리를 어깨 너비로 벌리고 앉는다.

엉덩이를 좌우로 움직여 준다.

골반 돌리기

다리를 어깨 너비보다 약간 넓게 벌리고 앉아 골반을 천천히 전후 좌우로 움직인다.

동작을 이어 골반으로 큰 원을 그린다.

의자 잡고 골반 열기

의자 등받이를 잡고 서서 다리를 어깨너비보다 넓게 벌린다.

무릎을 구부리며 천천히 아래로 내려갔다 올라 온다.

허리 돌려주기

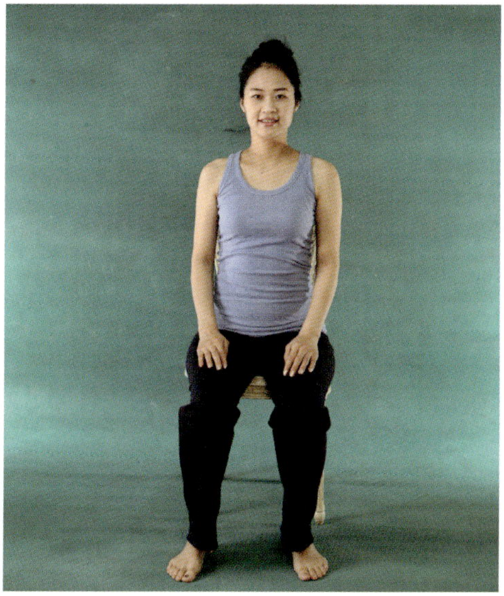

의자에 깊숙히 앉는다.

오른손은 의자 뒤쪽을 잡고 왼손은 의자 가장자리의 손 잡이를 잡고 상체를 오른쪽으로 틀어준다.

다리 올려 피로 풀어주기

바르게 서서 오른쪽 다리를 들어 의자 위에 얹는다.

천천히 엉덩이를 뒤로 빼고 호흡을 내쉬며 상체를 앞으로 숙여준다.
반대쪽도 같은 요령으로 해준다.

다리 부기 빼주기

두 손으로 의자 옆을 잡고 다리를 들어 발목을 힘 있게 꺾어 올린다.
두발을 동시에 앞으로 쭉 펴서 수평을 유지한다.

도구를
이용한
체조

수건

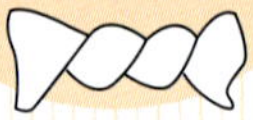

종아리 풀어주기

두 다리를 뻗고 앉아 수건을 발바닥에 대고 양손으로 잡아준다.

허리를 숙여 몸쪽으로 당겨준다.

등 뒤로 수건잡고 등 풀기

팔을 어깨너비로 벌리고 앉는다.
수건 양끝을 등 뒤에서 수직으로 세워 잡는다.

수건을 아래 위로 잡아 당긴다.

어깨풀어주기

다리를 엉덩이너비로 벌리고 선다.
수건의 양끝을 잡고 숨을 들이쉬며 수건을 머리 위로 들어 올린다.

숨을 들이쉬고 내쉬며 수건을 머리 뒤쪽으로 내린다. 이때 머리를 내밀지 않도록 주의한다.

도구를
이용한
체조

볼

전신 운동

볼 위에서 가볍게 엉덩이를 튕긴다.

왼손은 허리에 오른팔은 쭉 뻗어 위로 올린다.
반대쪽도 같은 요령으로 한다.

가슴운동

양 손을 주먹 쥐고 팔을 양옆으로 굽혀 벌린 다음 다시 모아 주는 동작을 반복한다.

공위에 앉아 가슴 앞에서 팔꿈치와 손바닥을 마주 댄 다음 위로 올렸다가 내리기를 반복한다.
이때 팔꿈치가 떨어지지 않도록 한다.

다리운동

바닥에 등대고 누워 공 위에 다리를 올려 놓는다.

다리로 공을 두드린다.

등대고 누워 발바닥으로 공의 옆쪽을 잡고 무릎을 굽히며 공을 엉덩이 쪽으로 당겼다가 다시 무릎을 편다.

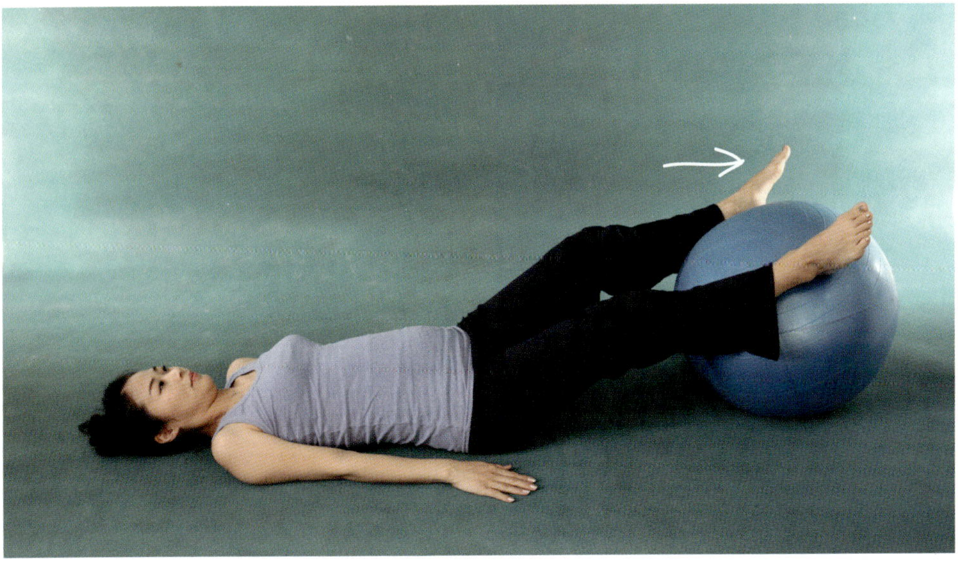

도구를
이용한
체조

덤벨

옆구리 스트레칭

한 손으로 덤벨을 들고 반대쪽 손은 머리 뒤에 놓는다.

덤벨 든 팔을 천천히 무릎 쪽으로 내려주고 반대편허리를 펴준다.

어깨 풀어주기

덤벨 한 개를 뒤로 쥐고 무릎을 꿇어 기역자로 앉는다.

숨을 내쉬고 들이쉬며 가슴을 편 상태에서 양 팔을 뒤로 젖히고 올려준다.

가슴 열어주기

양 손에 덤벨을 쥐고 팔을 앞으로 뻗는다.

양 팔을 옆으로 벌려 가슴을 열어준다.

머리에서 발끝까지 풀어주기

기지개 켜기

등 대고 누운 상태로 양팔을 위로 쭉 펴고 손 끝에서 발끝 까지 힘을 주며 몸을 쭉 편다.

누워서 팔 위아래로 밀어 주기

발바닥을 마주 붙여 나비 모양을 만든다.
손은 손바닥과 팔꿈치를 마주 대고 기도하는 모양을 한다.

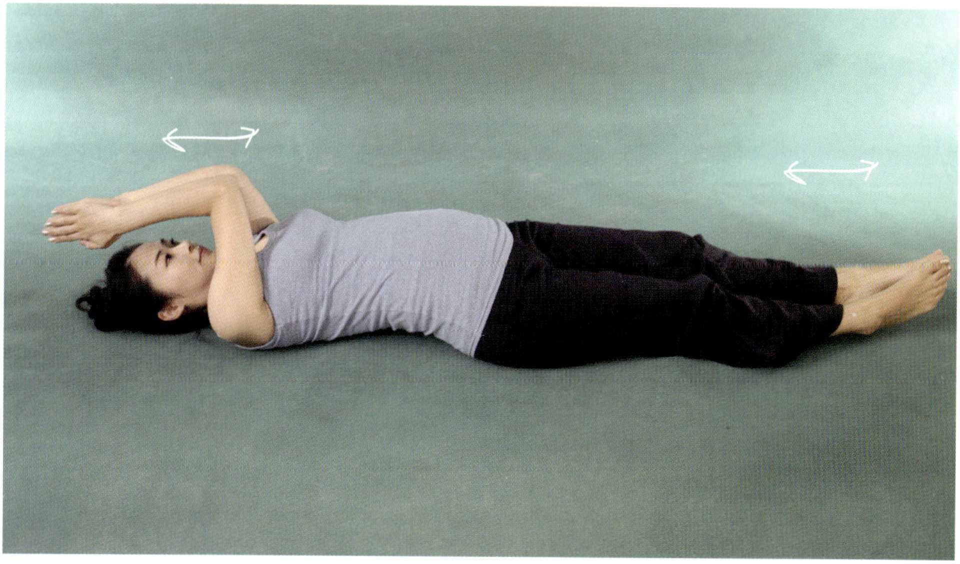

손을 위쪽으 로 다리는 아래쪽으로 쭉 뻗었다가 제자리로 돌아온다.

고양이자세

손바닥과 무릎을 대고 엎드린 자세로 다리를 어깨너비로 벌린다.

등을 동그랗게 말아 올리며 엉덩이를 안쪽으로 당기고머리를 숙여서 배를 바라본다.

허리를 내리고 고개는 위로 치켜든다.

손발 털어주기

등대고 누워 두 팔과 두 다리를 동시에 들고 털어 준다.

기본호흡

코로 숨을 들이마시며 천천히 머리를 뒤로 넘긴다.

숨을 내쉬며 머리를 천천히 밑으로 내려준다.

복식호흡

코로 숨을 마시며 아랫배를 부풀린다.

배를 수축하며 숨을 내쉰다.

D라인에서 S라인으로 돌아가기

날씬한 몸매는 모든 여성의 바람이다. 특히 임신부들은 임신 내내 출산 후 몸매가 돌아오지 않을까봐 걱정이고, 연예인들이 출산 직후에도 붓기없이 방송 출연하는 것을 보면 그 비법이 궁금하기도 하다. 출산 후 비만은 임신 기간 중, 출산 후 몸 관리를 잘못했을 경우 비만이 발생하게 된다. 여성의 20~40%는 출산 후에도 여전히 임신 전 체중으로 회복되지 않는데 이는 출산을 거듭할수록 더 심해진다.

출산 후 6개월이 지나도 원래의 체중으로 회복되지 않는 경우를 산후 비만이라 한다. 이는 지속적인 비만으로 진행되고 다음 임신에서 임신중독증, 난산을 일으키고 향후 고혈압, 당뇨병을 증가시킨다.

임신 중 지방층의 증가는 에너지가 많이 소모되는 임신 · 수유기에 대비하고자 하는 생리적 현상으로 식욕 증가, 소화 · 흡수 기능의 촉진을 통해 에너지원으로서의 지방을 미리 축적한다. 문제는 임산부가 참지 못하고, 혹은 스트레스 해소법으로, 산후 우울증으로 과식하면서 생기는 과도한 비만이다. 과도한 비만은 산모에게도 여러 가지 후유증을 유발할 뿐 아니라, 태아에게도 뱃속에서부터 비만 체질을 만들어 줄 수 있다. 임신 중 체중 증가가 심하면 탄수화물 위주의 주식이나 간식을 줄이고 단백질과 야채, 과일로 대체하면서 적당한 운동을 하는 게 도움이 된다.

산후 비만의 원인을 보면 임신 중 과도한 체중 증가가 제일 많고 다음으로 모유를 먹이지 않는 습관, 출산 후 규칙적인 운동 부족과 산후조리 시 전통적인 보양식을 과도하게 섭취한 경우 등이 있다. 더 큰 문제는 정상 체중으로 회복되기도 전에 다시 임신하는 것인데 출산 횟수가 늘수록 체중이 증가하는 경우가 많은 것은 대부분 이 때문이라고 할 수 있다.

산후 체중조절로 가장 바람직한 것은 분만 후 6개월에 걸쳐 본래의 체중으로 돌아가는 것이다. 단 수유기에는 500칼로리를 더 섭취하여 유즙 분비를 촉진하는 게 좋으나 수유를 중단하게 되면 임신 전의 식생활로 돌아가야 한다. 산후 체조를 하면 산후 비만 관리뿐 아니라 빠른 산후 회복을 도모할 수 있다. 지금까지 산전에 체조를 열심히 하면서 준비한 임산부는 계속 이 프로그램대로 이어주면 산후 비만은 절대 있을 수 없는 일이니 걱정하지 말도록 하자.

산후 체조의 장점을 하나 하나 살펴보면 먼저 분만 시 늘어났던 복벽, 골반, 자궁의 수축을 도와주고 혈액 순환을 좋게 하고 소변의 배출을 도와준다. 산후 긴장을 풀어주고 체력을 회복 하도록 한다.

산욕기 즉 출산 후 4~6주 까지를 말하며 이 시기는 분만으로 손상된 자궁 내막이 원상으로 복귀되고 커졌던 자궁이 정상 크기로 돌아오게 된다.

산후 운동은 물론 날씬한 몸매로 회복시켜 주지만 단순히 그것뿐이 아니라 분만 후 정상적이지 못한 혈액순환을 돕고 회음부의 빠른 회복과 이완된 관절이나 골반 근육, 복부근육을 강화하는데 목적이 있다.

산후 처음에는 무리하지 말고 가벼운 마음으로 체조를 시작하여 산욕기 이후에는 보다 적극적인 체중 관리를 위해 구체적인 운동을 한다.

발목운동

다리를 뻗고 앉아 발끝을 붙이고 발목을 당겼다 밀었다를 반복한다.

기지개 켜기

양손을 깍지 끼고 앞 뒤 양 옆으로 쭉 뻗었다가 돌아오기를 반복한다.

몸통 운동

양반다리로 앉아 몸통을 앞 뒤 좌 우의 순서로 움직인다.

나비자세

발바닥을 붙이고 두손으로 발끝 잡아 무릎을 가볍게 흔들어 고관절을 풀어 준다.

상체 비틀기

한쪽 다리는 곧게 펴고 나머지 다리는 세워서 반대쪽 다리에 걸고 몸통을 비틀어 준다.

올린 다리의 반대 손으로 무릎을 안으로 당겨 준다.
반대쪽도 같은 요령으로 한다.

방아자세

양반다리로 앉아 한쪽 다리를 뒤로 접는다.

내쉬는 숨에 머리 뒤로 깍지 끼고 상체를 왼쪽으로 내려 옆구리를 충분히 늘인다.
반대방향도 늘여준다.

다리교차하여 골반 조이기

양반다리 한 상태에서 무릎과 무릎을 교차시켜 당긴다.

턱이 윗무릎에 닿는다는 느낌으로 상체를 숙인다.

머리 들어 올리기

등대고 누워 손은 허리 옆에 놓는다.

머리를 들어 배꼽을 바라본다.

엉덩이 들어 올리기

양손으로 머리를 받치고 누운 자세에서 무릎이 직각이 되도록 세운다.

숨을 들이 쉬며 허리를 들고 5초 동안 유지한다.

허리 강화 운동

등대고 누워 양 무릎을 세우고 팔을 양옆으로 편다.

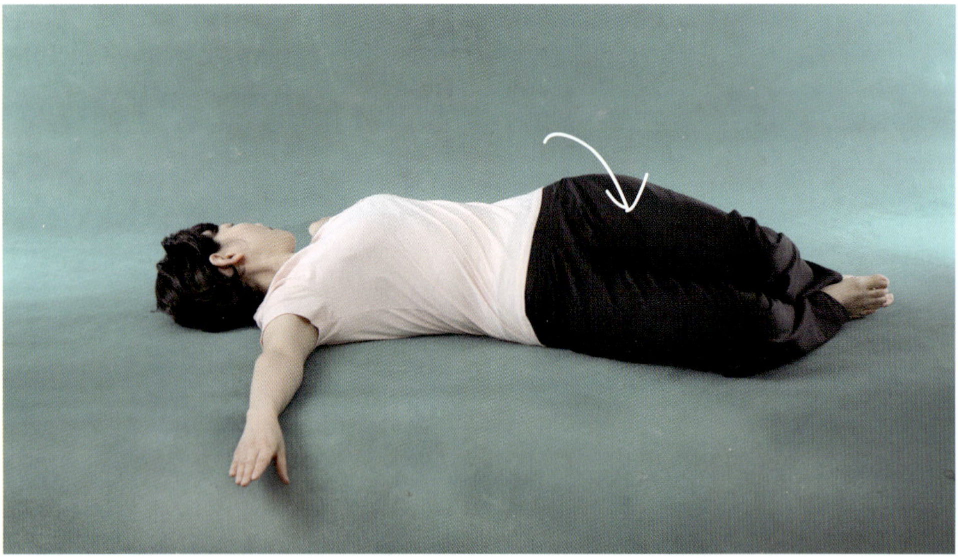

무릎과 발목을 붙이고 양무릎을 동시에 오른쪽 바닥으로 넘긴다.

이 때 시선은 반대쪽을 본다.

무릎 당기기

등대고 눕는다.

한쪽 무릎을 구부려 가슴에 닿도록 당긴다.

반대쪽도 같은 요령으로 한다.

손발 털어주기

등 대고 누워 양팔과 양다리를 위로 들어 올린다.

1분 동안 흔들어 준다.

엎드려 쉬기

턱밑에 낮은 베개를 깔고 골반과 배 아래에는 조금 높은 베개를 받치고 엎드린다.

TiP 산후우울증 예방법

아기를 낳은 것은 큰 축복인데 왜 산후 우울증이 찾아올까? 출산 후 며칠 혹은 일주일 내에 기분이 가라앉고 우울한 이유는 바로 호르몬의 급격한 변화 때문인데 산후우울감(babyblues)과 산후우울증을 구분해야 한다. 대개 산후 우울감은 여성들이 출산 후 정상감을 되찾기 전 며칠만 지속된다. 거의 90%의 여성에게서 이런 증상이 나타나므로 이상한 징후는 아니다. 두 증세를 구분하는 방법은 산후우울감은 며칠 만에 사라지지만 산후우울증은 오래간다는 것이다.

우울증은 우울감, 흥미나 즐거움의 감소, 체중의 감소 또는 증가, 불면 또는 과수면, 정신성 운동 지체 혹은 심한 불안, 피로감 혹은 활력 상실, 무가치감과 죄책감, 주의집중력 장애, 자살에 대한 반복적인 생각 중 5가지 이상이 발견돼 지속적으로 발생하는 증상을 뜻한다.

산후 우울증을 앓게 되면 우울과 슬픔을 느끼고 주변의 모든 것이 고통스러우며 자신과 아기, 가족에 대한 걱정, 불안을 느낀다. 또 쉽게 지치고 피곤하며 짜증내고 분노한다. 산후 우울증은 특히 아기의 건강이나 사고 발생에 대한 부적절한 걱정이 크거나 아기에 대한 관심을 상실하거나 혹은 아기에게 적대적이거나 폭력적인 행동을 보이는 등의 증상도 나타난다.

산후 우울증이 무서운 것은 아이 양육에도 영향을 미쳐 아이에게 부정적인 정서가 생길 수 있다는 것이다. 아이는 변화에 잘 적응하지 못하며 향후 학업수행 능력이나 지적 능력의 저하를 보인다. 또한 부모와 안정된 애착관계를 형성하지 못해 또래들과 제대로 어울리지 못한다.

산후 우울증에 대처할 때 가장 중요한 것은 스트레스를 줄이는 일이다. 스트레스를 줄이기 위해선 최대한 휴식을 취하고 가벼운 운동을 통해 몸과 마음을 편하게 하는 것이 좋다. 자신의 감정을 잘 표현할 방법을 찾아서 분출해야 한다. 명상이나 체조 등이 좋은 방법이다.

모두가 함께 도와야 한다. 부끄러워 말고 가족이나 친구에게 도움을 요청해 협조를 구해야 하며 그것도 힘들다면 전문가에게 상담과 정신치료를 받는 것도 좋다.

베이비 마사지

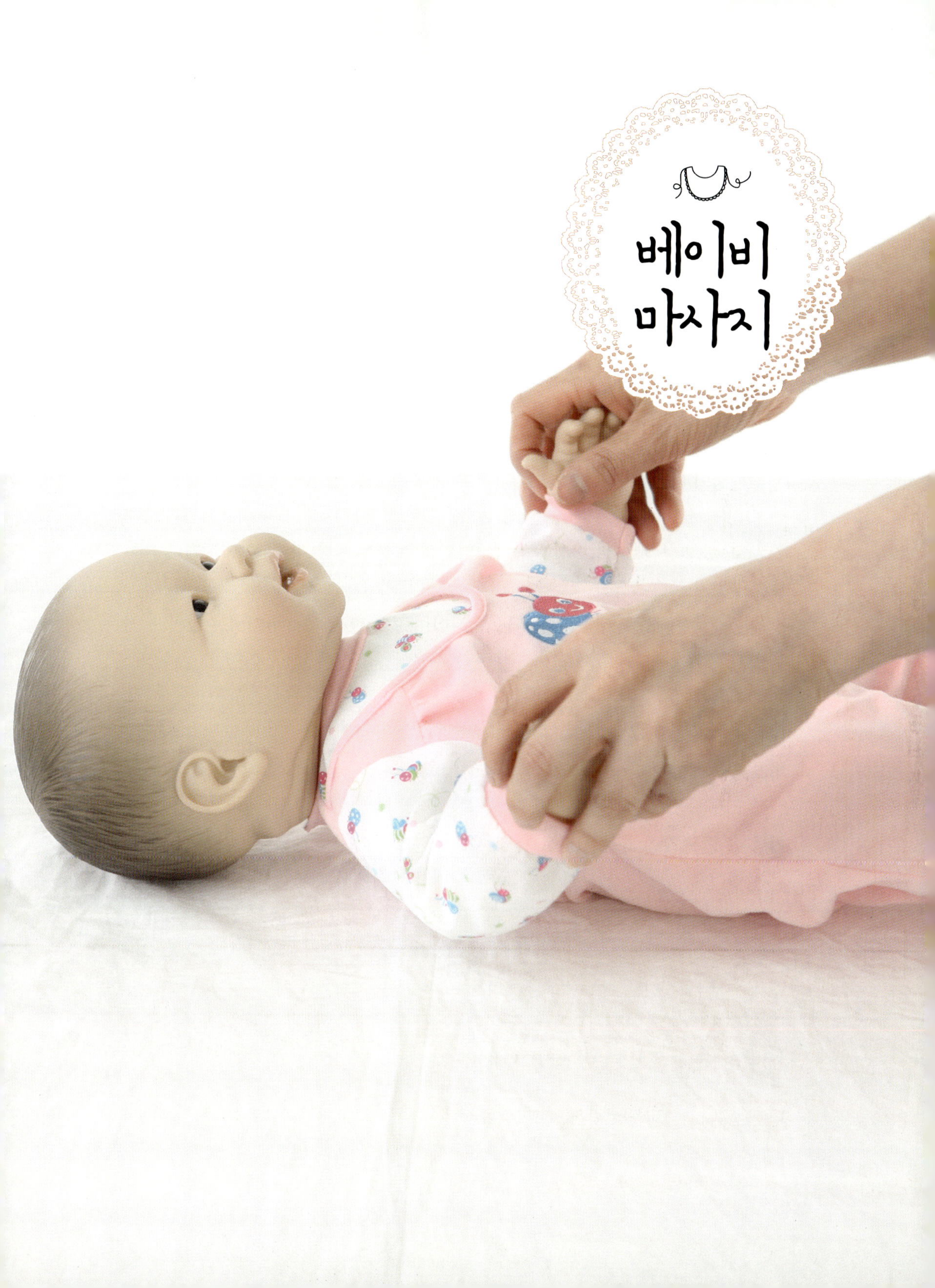

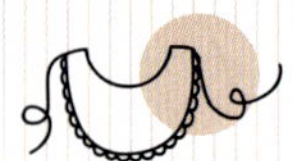

드디어 사랑하는 아기가 태어났다. 예로부터 우리 엄마들은 아기의 팔 다리를 쭉 쭉 늘리듯이 마사지하며 아기의 키가 커지라고 기원했다. 엄마의 소망을 담은 단순한 이 행위가 실제로 아기의 성장을 촉진시킬 수 있다는 점은 과학적으로 이미 증명이 됐다. 오늘날 '베이비 마사지'는 팔, 다리의 성장은 물론 장 운동을 돕거나 피부 보습을 돕기 위해 활용되고 있다.

엄마의 애정이 듬뿍 담긴 마사지는 내 아이 성장을 촉진하고, 면역력을 높이고, 피부 보호 효과까지 있다. 과연 베이비 마사지는 어떻게 해야 하고, 어떤 효과를 얻을 수 있는 것일까?

매일 일정하게 마사지를 받은 아기는 성장 속도가 빠르고 스트레스 호르몬의 분비가 줄어 정서를 안정시킨다고 한다.

이 효과를 뒷받침하는 배경으로 아기는 시각, 청각, 미각, 후각, 촉각 모두를 느끼지만 그 중 촉각에 가장 예민하다. 베이비 마사지는 아기와 대화할 수 있는 가장 좋은 방법이다. 우리나라는 키 성장과 피부 관리 차원에서 베이비 마사지를 한다. 하지만 서양은 아기에게 정서적인 안정을 주고, 애착관계를 형성하기 위해 베이비 마사지를 할 만큼 엄마와 아기 사이에 촉감 자극은 아이 정서나 성장 발달에 중요하다는 것을 들 수 있다.

출산 후 신체적 정신적으로 힘들어 하는 엄마에게도 스트레스 해소에 효과가 있으며 육아에 대한 자신감을 회복하게 한다.

* 베이비 마사지의 좋은 점

· **성장 발육에 좋다** - 아기의 스트레스를 해소하여 신진대사를 원활하게 해주어 키도 쑥쑥 몸도 튼튼하게 잘 자라도록 도와준다.

· **혈액 순환** - 피부를 접촉하여 마사지 해주면 혈액 순환이 활발해 질 뿐 만 아니라 소화도 잘된다.

· **안정적인 수면을 돕는다** - 정서적 안정을 찾지 못하고 불안해하는 아기에게 마사지는 세로토닌 호르몬의 분비를 도와 깊은 잠을 잘 수 있게 해준다.

· **IQ와 EQ를 높인다** - 엄마가 아기의 피부를 만지면 아기 뇌의 신경세포가 더욱 복잡하게 연결 되어 뇌의 활동이 왕성해지면 지성과 감성이 발달하게 된다.

· 아기와의 충분한 교감으로 엄마와 아기의 유대감을 높이고 애착을 높인다.

· 마사지 하는 동안 엄마는 아기의 모든 것을 눈으로, 손끝으로 직접 확인할 수 있기 때문에 아기의 신호를 읽는 능력을 향상시킨다.

* 이것만은 조심하자!

· 마사지 시작 전에 아기에게 마사지 하겠다는 말을 하며 아기가 준비하도록 한다.

· 직접 피부접촉을 하기 때문에 엄마는 손의 청결을 유지한다.

· 방안 온도는 23~24도 정도가 적당하다.

· 딱딱한 바닥보다는 담요나 타월을 준비하여 깔아 주어야 한다.

· 엄마 손과 아기 피부 마찰을 줄이기 위해 오일을 준비한다.

되도록 자극이 적은 식물성 오일을 준비하는 것이 좋다.

· 아기의 신체리듬을 잘 살핀다. 아기가 젖을 먹고 30분이 지나지 않았을 때, 잠자고 싶어 할 때, 예방접종을 한 직후에는 마사지를 하지 않는 것이 좋아요.

· 방은 너무 밝지 않은 것이 좋다. 조명은 직접적인 조명보다 벽등 같은 간접조명이 좋다. 집에 벽등이 없다면 낮에는 커튼을 쳐서 조도를 낮춘다.

· 항상 아기의 눈을 바라보며 마사지한다.

*베이비마사지 이것이 궁금하다.

언제 시작 할까요? 바로 시작해도 좋지만 아기의 컨디션이 좋을 때까지 기다리는 것이 좋아요.

1주일에 몇 번 할 까요? 1주일에 최소 3번 정도 마사지 해주면 좋아요.

마사지 도중에 무엇을 먹일 수 있나요? 마사지로 인해 아기도 목이 마를 것입니다. 물을 준비하여 수분을 공급 합니다.

오일을 사용해도 되나요? 엄마 피부와의 마찰을 줄이기 위해서 필요하고, 또 마사지를 할 때 오일이나 로션, 크림 등을 적절히 사용하면 피부 보습효과도 있다.

아기 피부는 원래 끊임없이 새로운 세포가 형성돼 항상 촉촉하고 부드럽게 유지된다. 하지만 최근 환경이나 여러 외부 요인들로 아기피부가 건조해져 아토피 등의 질환을 유발해 꼼꼼한 보습 관리가 필요하다.

마사지 시간은 얼마나 하나요? 아기의 컨디션을 살펴보면서 5~10분 정도로 마무리 합니다.

아기가 울면서 싫어하면 어쩌죠? 아기가 싫어하면 잠시 중단하고 자리를 옮기거나 우유를 줘봅니다. 그래도 거부하면서 울게 되면 그만 둡니다.

예방주사를 맞았는데 문제 없나요? 곧바로 마사지 하지마세요 적어도 48시간정도 지나 아기의 상태를 보고 시작 합니다. 이유는 백신이 온몸에 흡수된 후 반응을 일으키는 데 48시간이 걸리기 때문입니다.

근육 발달을 위한 스트레칭

스트레칭은 몸의 유연성을 길러 주고 근육을 이완 시켜 아기를 건강하고 편안하게 해주며 뼈의 고른 성장을 돕는다.

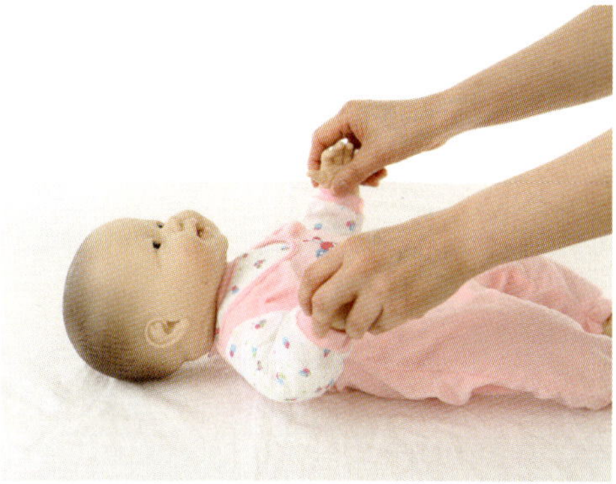

1. 팔목을 잡고 가볍게 털어준다.

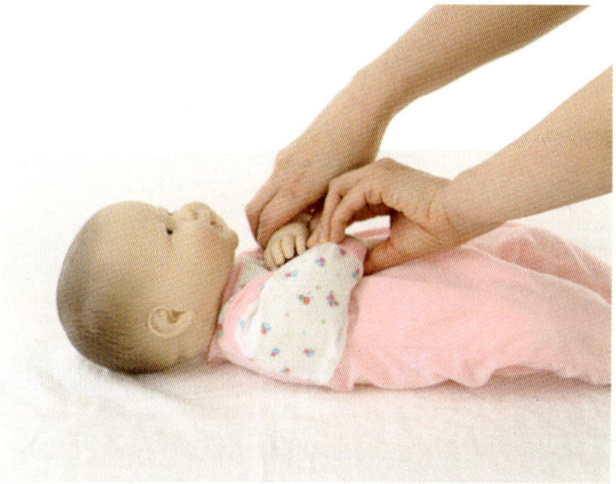

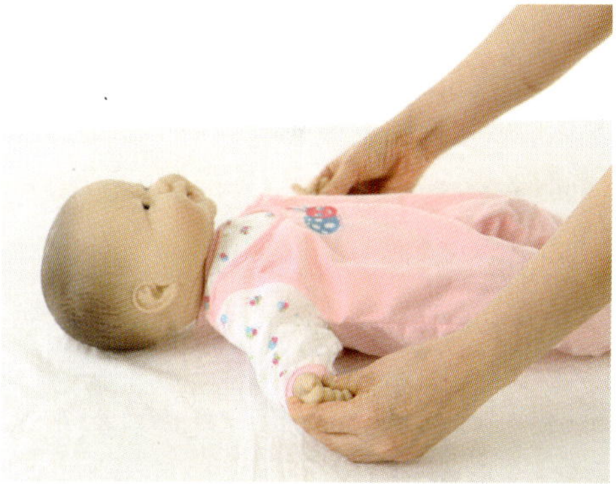

2. 팔과 팔을 교차시켜 가슴에 대고 4~5초 정도 살짝 눌러준다.

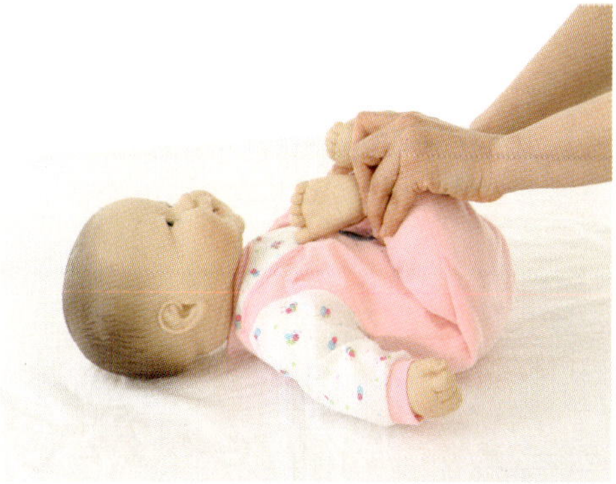

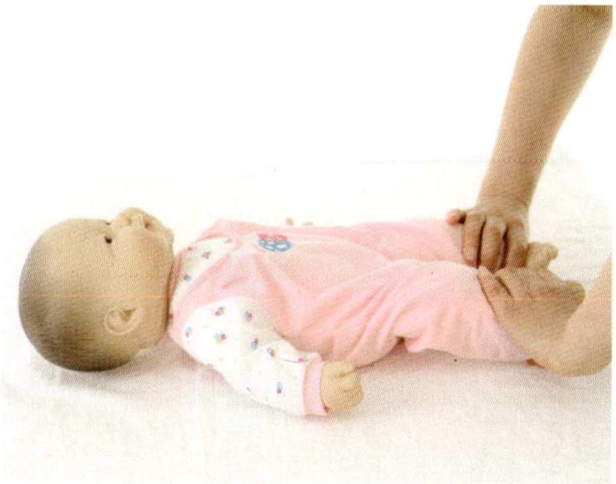

3. 발목잡고 다리와 다리 교차시켜 배에서 4~5초 정도 눌러준다.

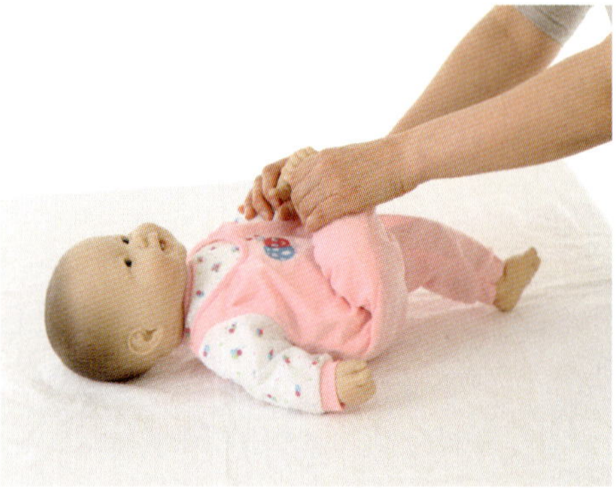
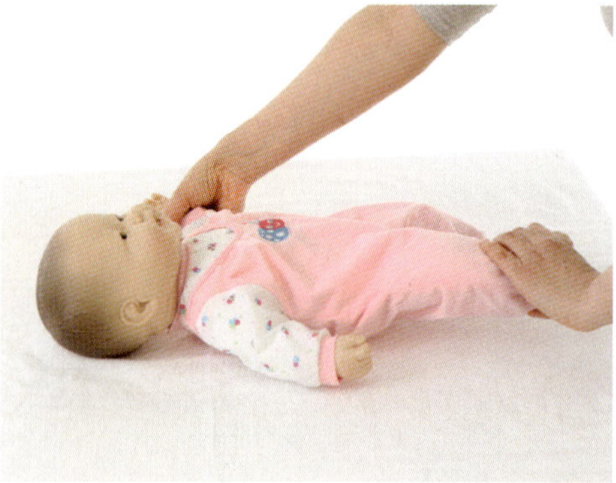

4. 팔과 다리를 교차하되 한쪽씩 너무 무리하지 않게 할 수 있는 만큼 교차 한다. 반대로도 교차 한다.

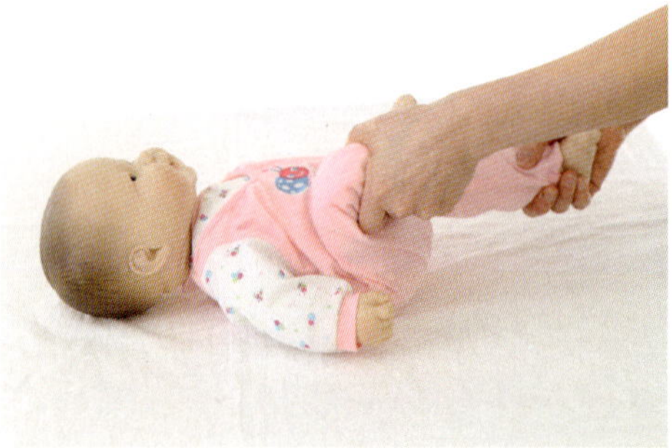
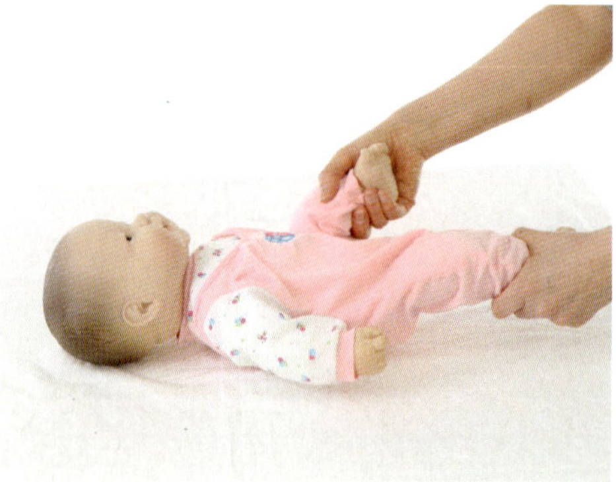

5. 무릎을 굽혔다 펴주는 것을 반복한다.

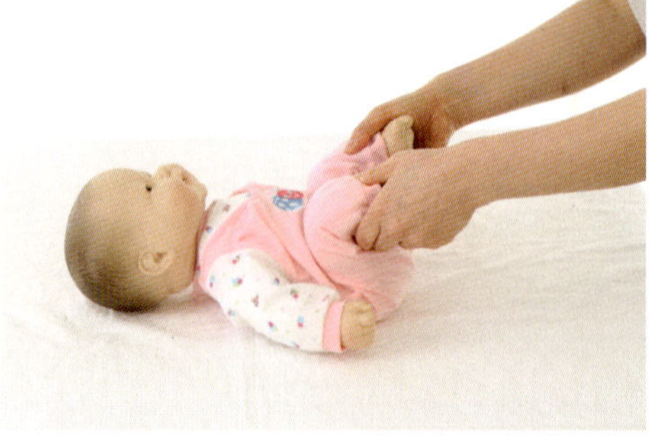
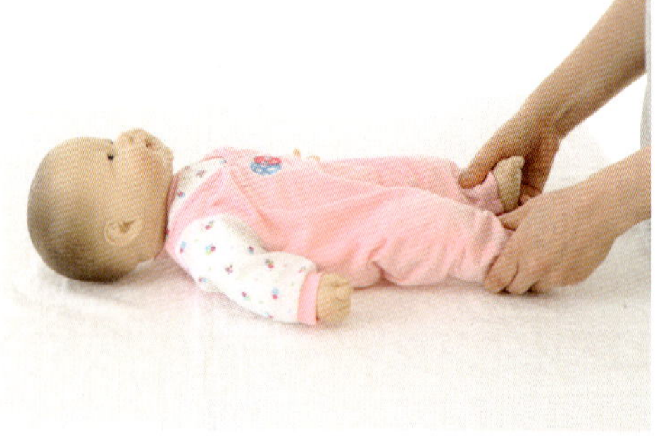

6. 무릎과 두발을 붙이고 구부려 아랫배에 5초간 지긋이 누르고 다리를 쭉펴는 동작을 반복한다.

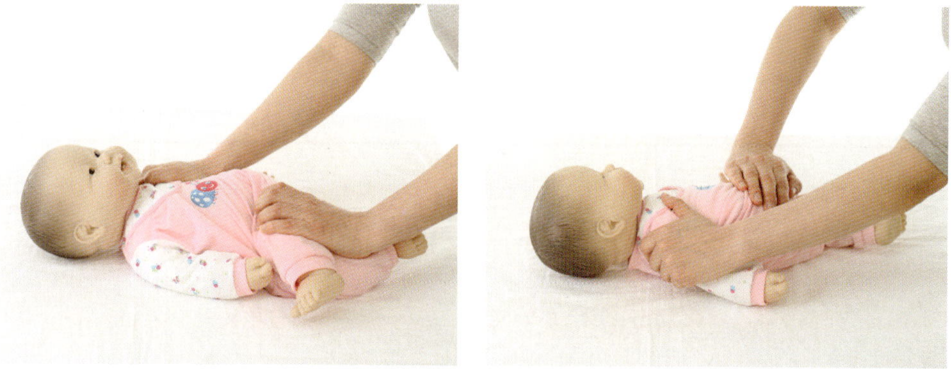

7. 한 쪽 엉덩이를 반대쪽으로 돌려주는데 상체와 하체의 방향이 서로 반대되게 한다.

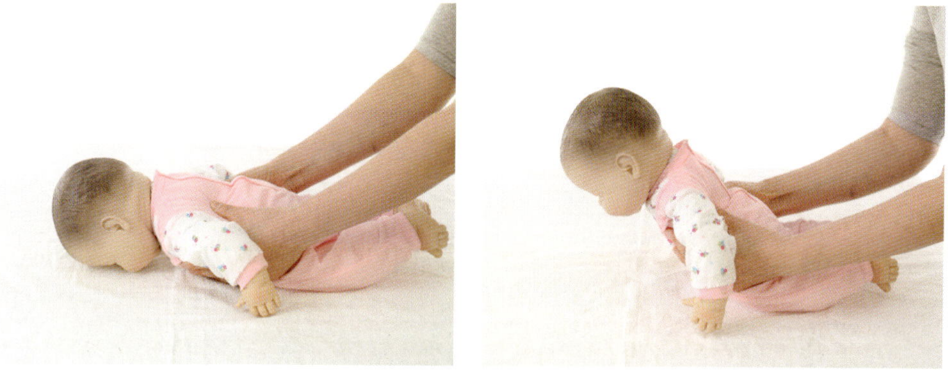

8. 엎드린 상태에서 양어깨를 잡고 뒤로 젖혀주었다가 가만히 내려 놓는다.

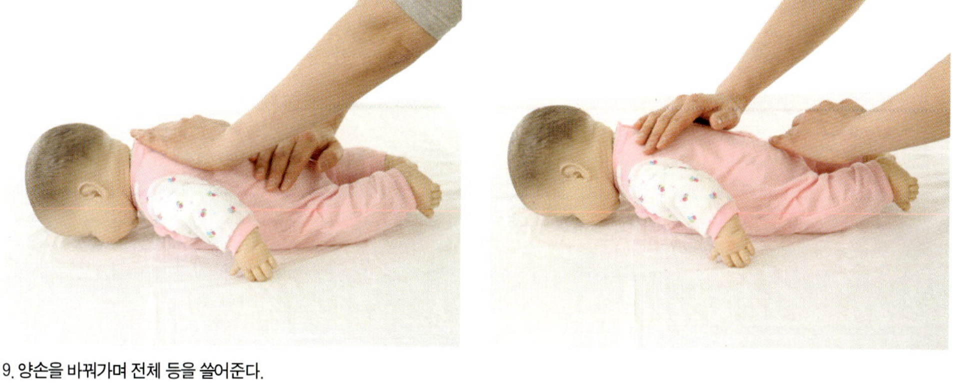

9. 양손을 바꿔가며 전체 등을 쓸어준다.

감각기능 발달을 위한 손 마사지

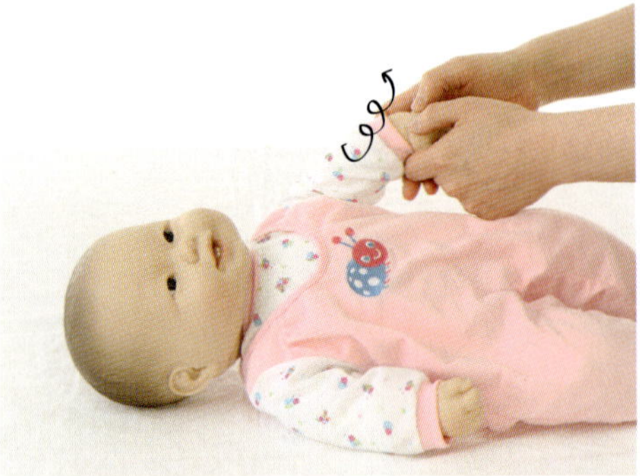

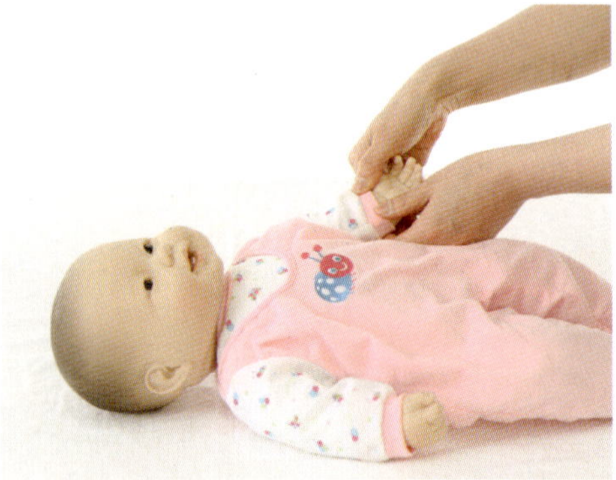

1. 손목 주변을 돌리면서 마사지 한다.

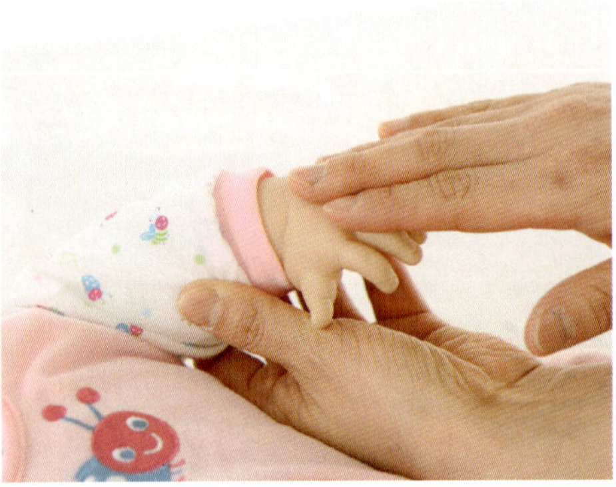

2. 손등 전체를 스트레칭 한다.

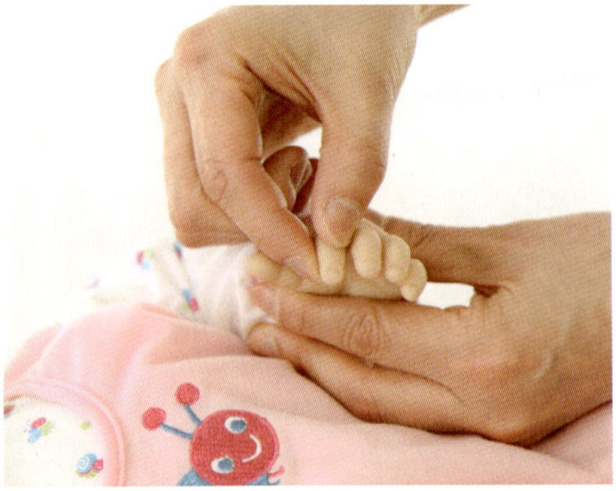

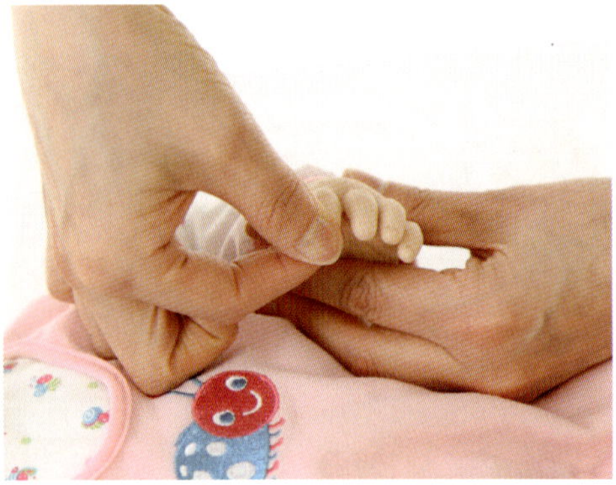

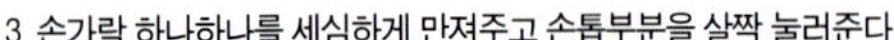

3. 손가락 하나하나를 세심하게 만져주고 손톱부분을 살짝 눌러준다.

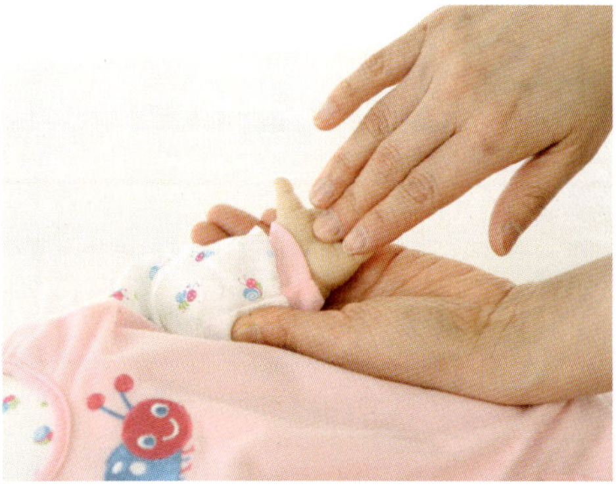

4. 양손으로 손바닥 전체를 스트레칭 해준다.

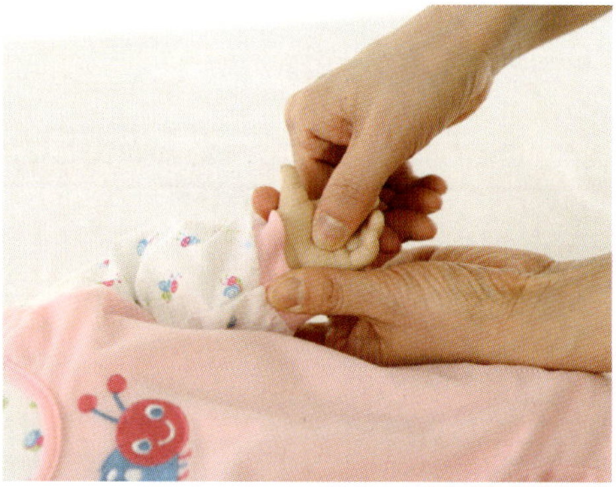

5. 손바닥 가운데 노궁혈 자리를 눌러준다.

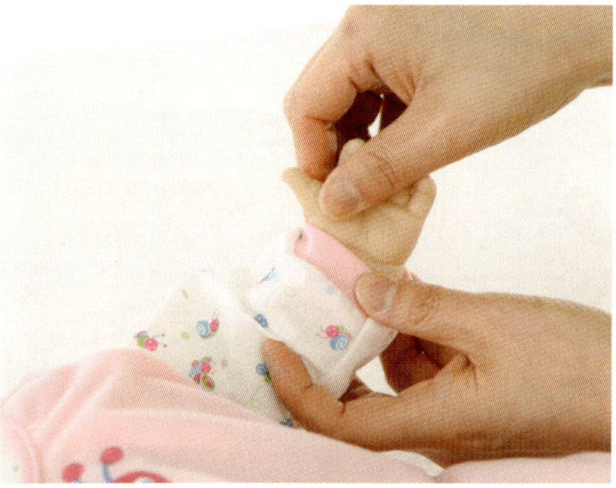

6. 엄지 손가락 아랫부분을 마사지 한다.

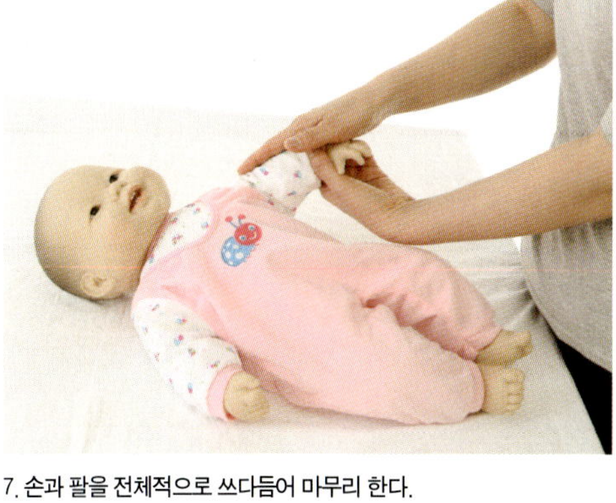

7. 손과 팔을 전체적으로 쓰다듬어 마무리 한다.

감각기능 발달을 위한 발마사지

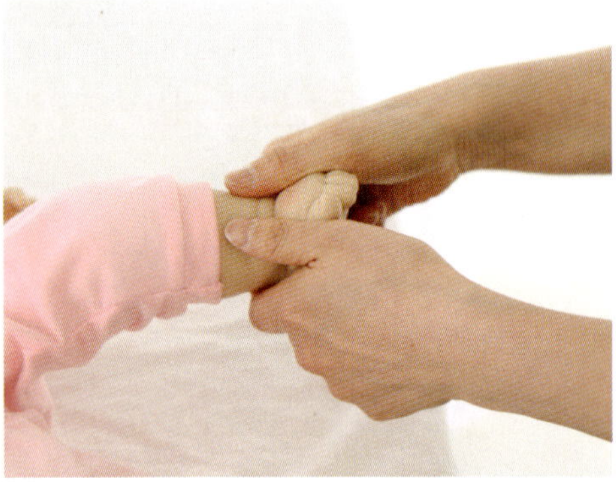

1. 발목을 돌려준다.

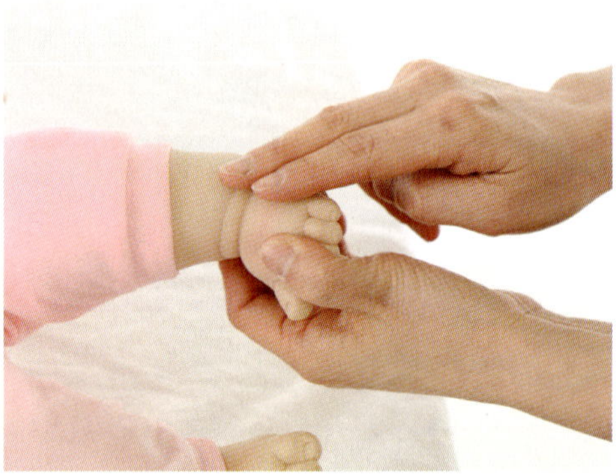

2. 발등과 복숭아 뼈 주위를 원을 그리듯이 마사지하고 아킬레스건 주위를 눌러 준다.

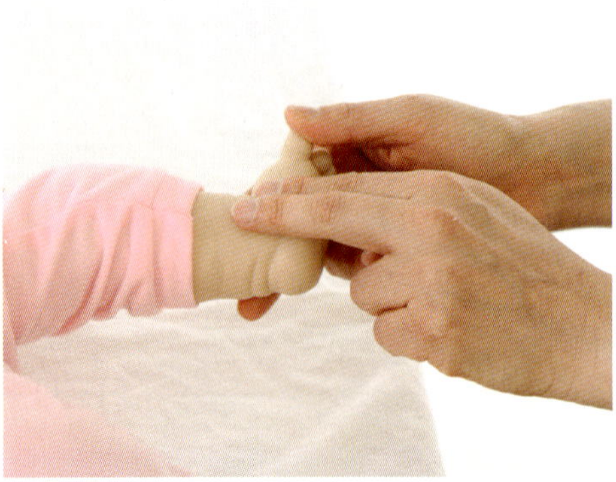

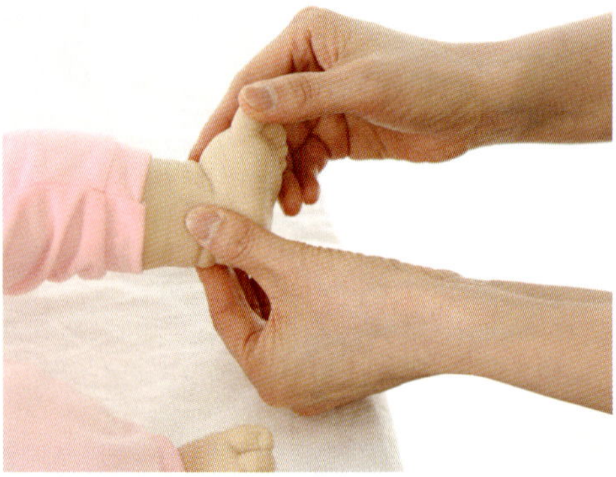

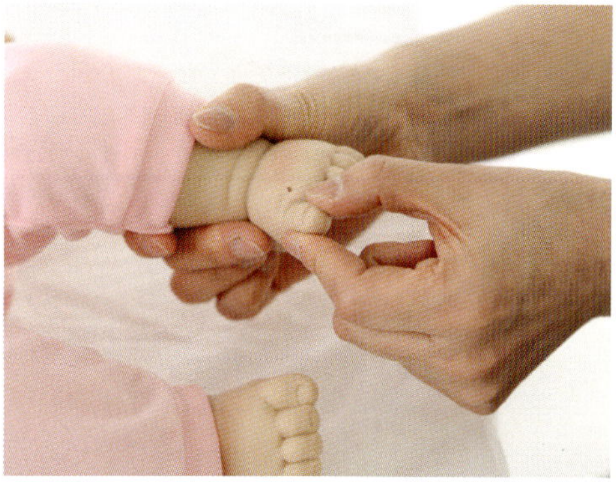

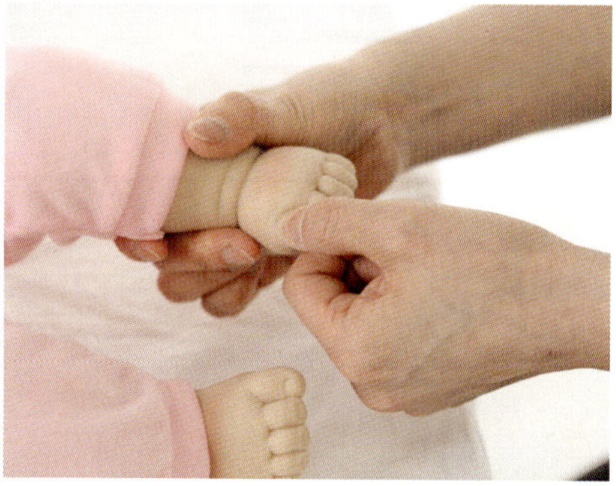

3. 발가락 하나하나를 세심하게 만져주고 발톱 부분을 살짝 눌러 준다.

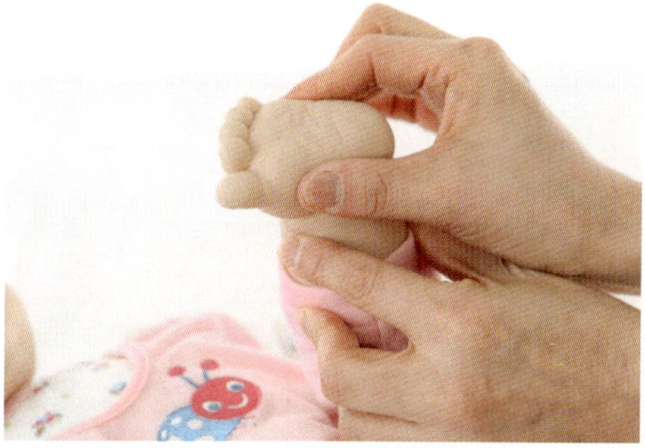

4. 발의 양 측면을 꾹꾹 눌러 내려온다.

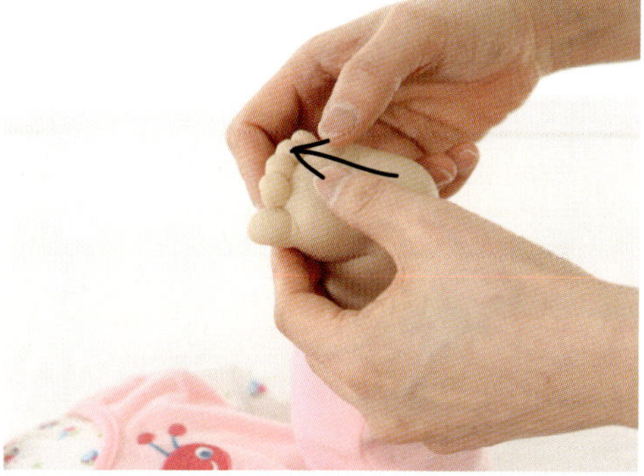

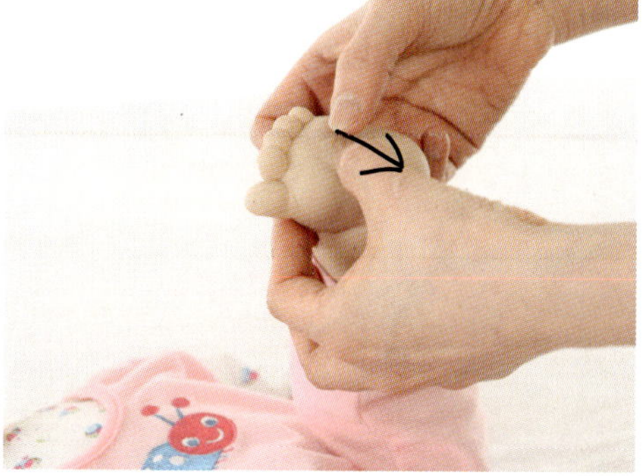

5. 발바닥을 3등분 하여 위쪽은 호흡기 부위로 위로 밀어 준다. 중간 부분은 소화기 부분으로 아래쪽으로 내려 마사지하고 뒤꿈치 부위는 생식기 부분으로 돌려 주며 마사지 한다.

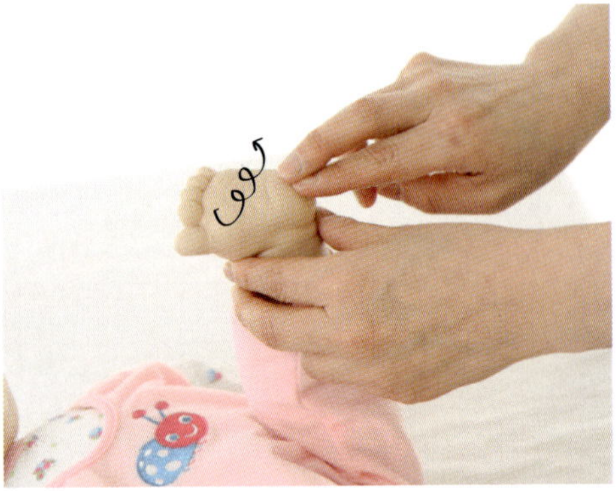

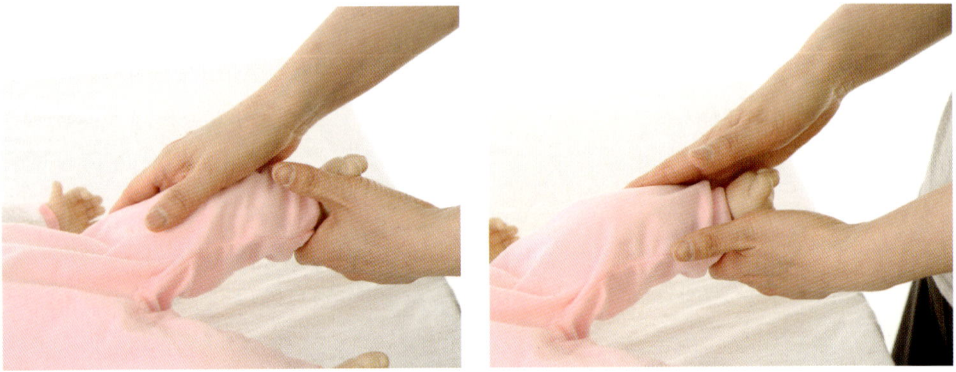

6. 발바닥 전체와 다리를 부드럽게 쓰어 주며 가볍게 털어 주며 마무리한다.

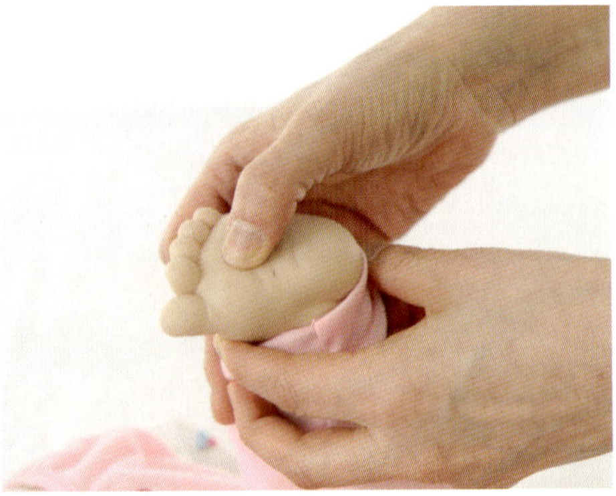

7. 용천 부위를 눌러준다.(발바닥 위쪽의 주름 많은곳)

바른 자세와 척추 강화를 위한 등마사지

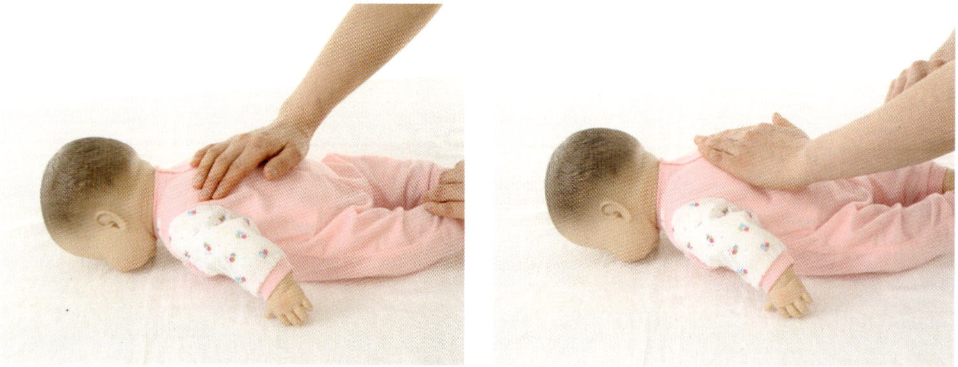

1. 등 전체를 만져준다.

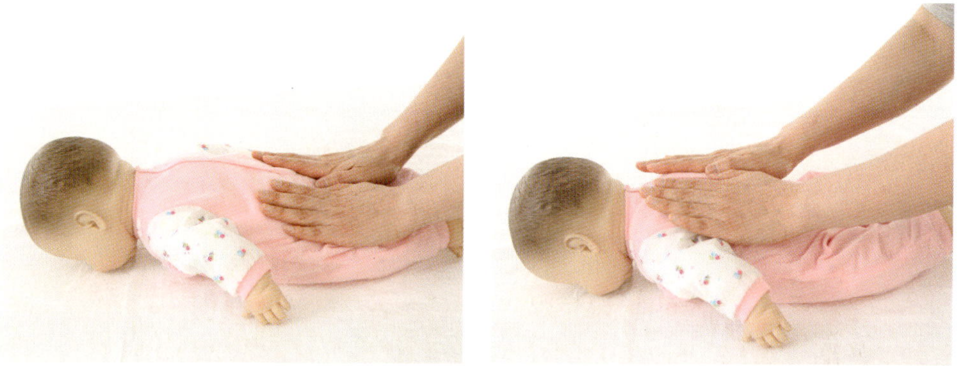

2. 두손으로 엉덩이에서부터 어깨까지 쓸어 올리고 어깨를 부드럽게 마사지한다.

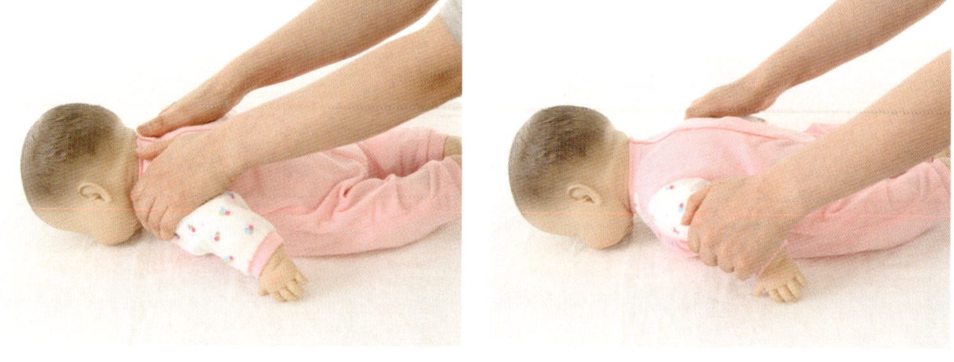

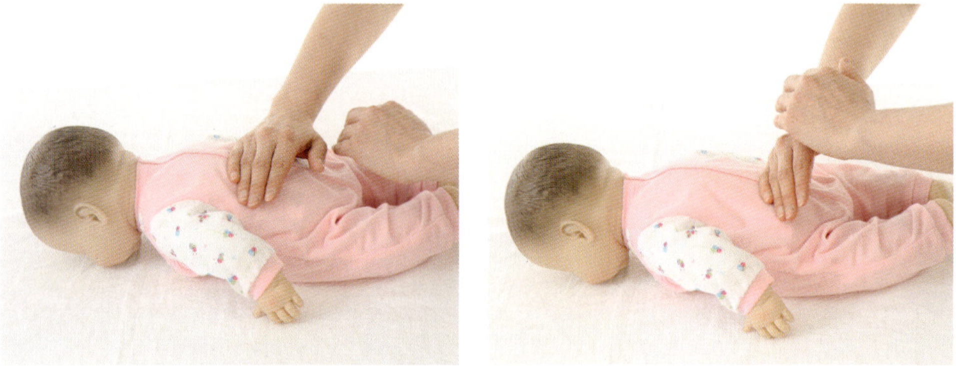

3. 두손으로 번갈아가며 허리부분을 물레방아 돌리듯 돌리며 마사지 한다.

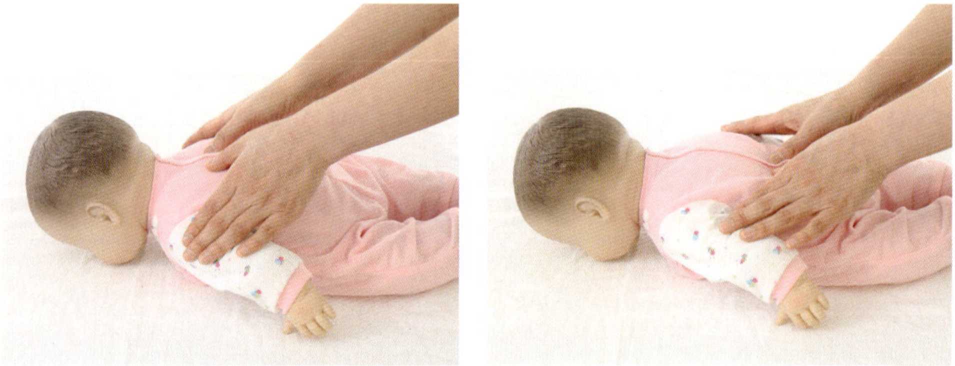

4. 척추 양옆을 따라 엄지로 주욱 밀어 내려온다.

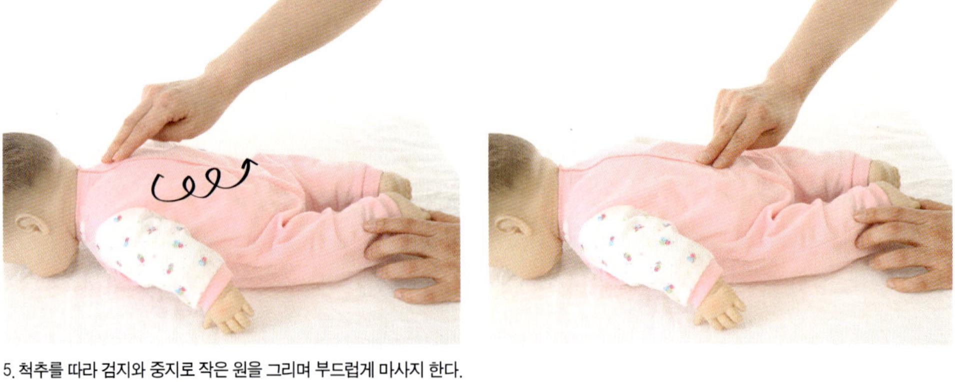

5. 척추를 따라 검지와 중지로 작은 원을 그리며 부드럽게 마사지 한다.

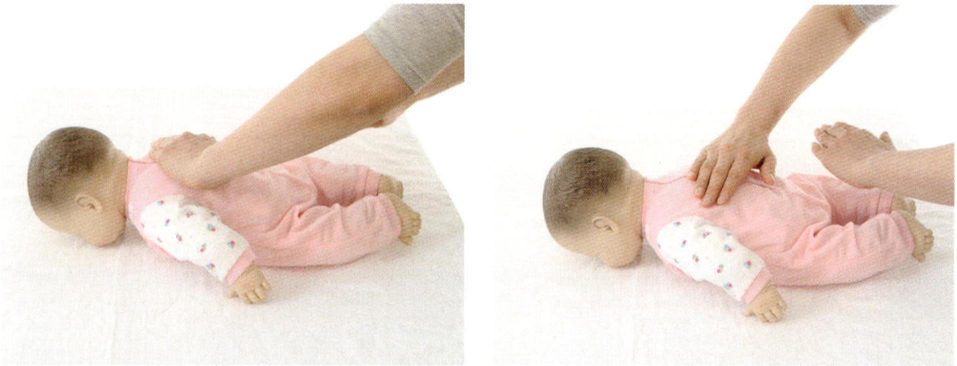

6. 양손을 가로 방향으로 지그재그 엇갈리게 마사지 한다 .

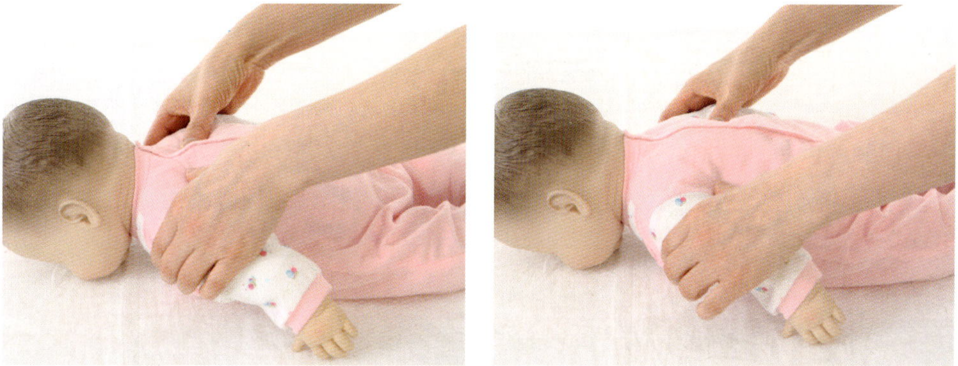

7. 등 위쪽 넓적한 뼈(견갑골)를 따라 꾹꾹 눌러주고 겨드랑이 방향으로 쓸어 내린다.

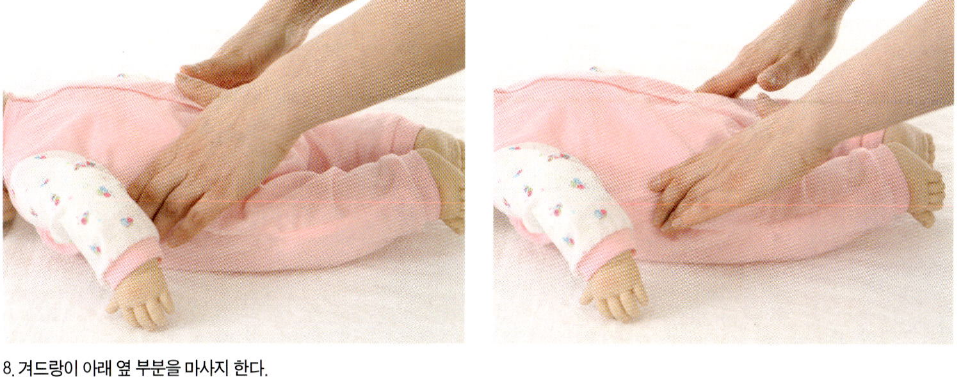

8. 겨드랑이 아래 옆 부분을 마사지 한다.

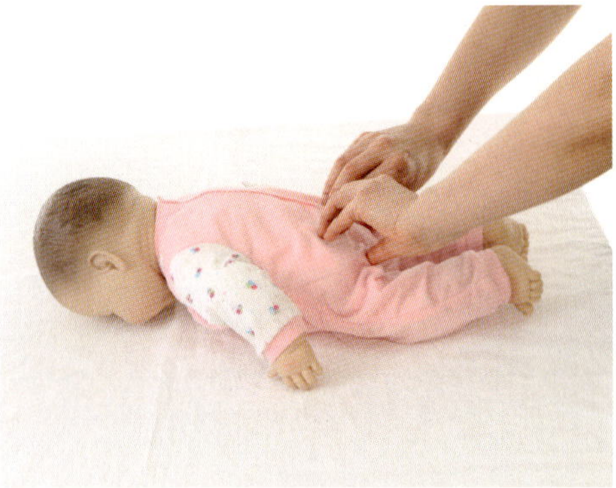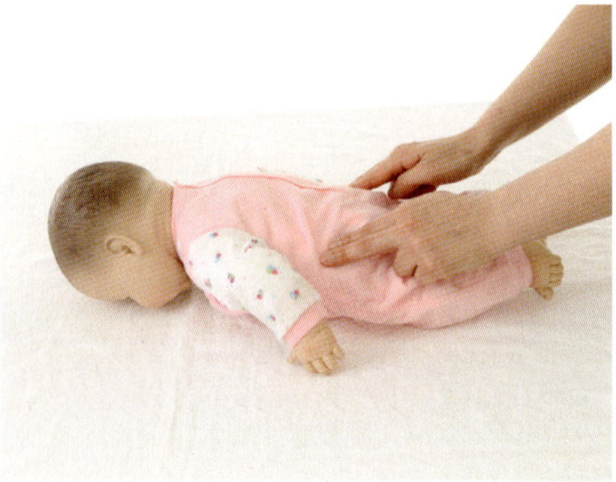

9. 엉덩이를 조물조물 마사지하며 환도혈을 돌려 준다.

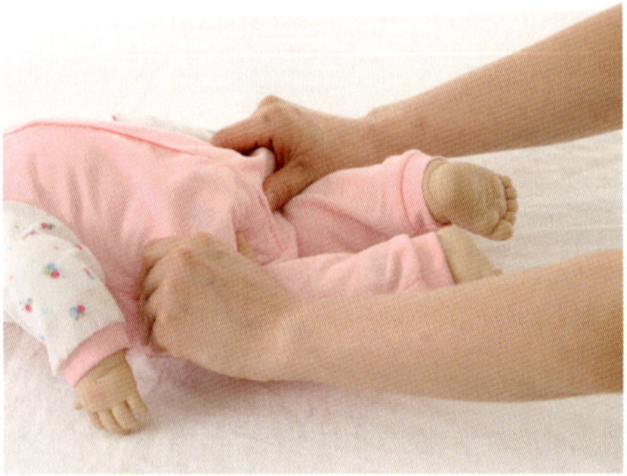

10. 엉덩이 아래 가운데 부위를 위로 올려준다.

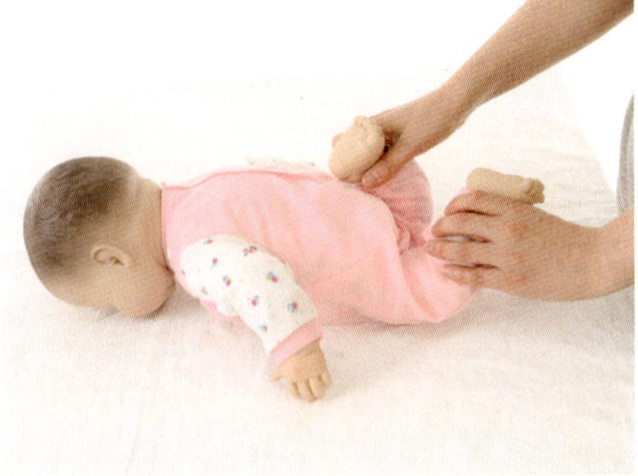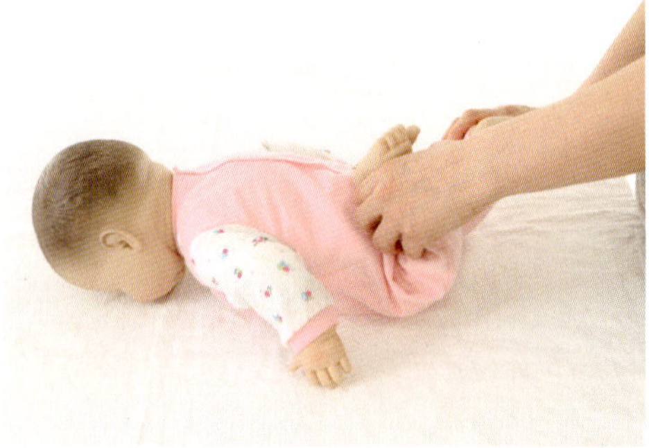

11. 발뒤꿈치를 모아 엉덩이 쳐주기

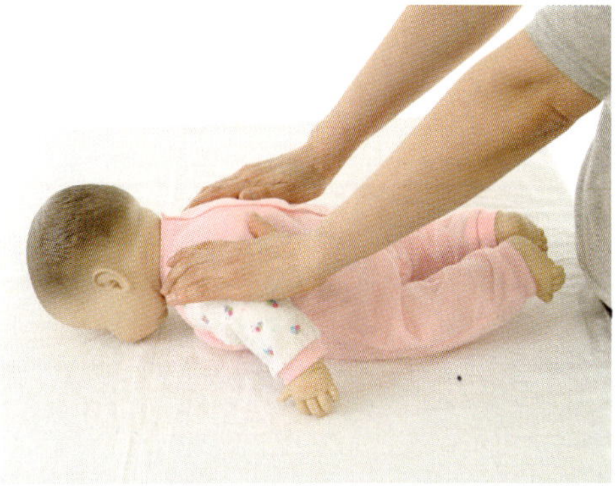

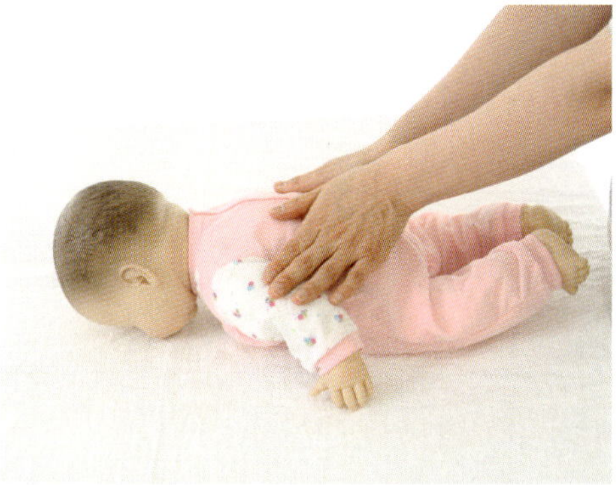

12. 양손으로 목 어깨 등 옆구리 발끝까지 부드럽게 쓸어 주고 전체를 손으로 가볍게 두드려준다.

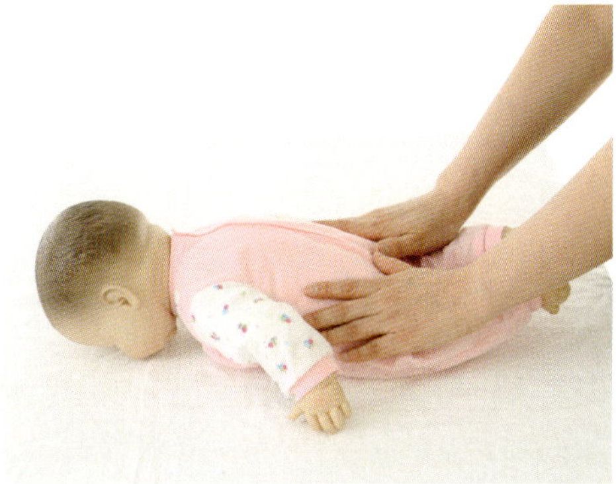

성장촉진을 위한 팔 마사지

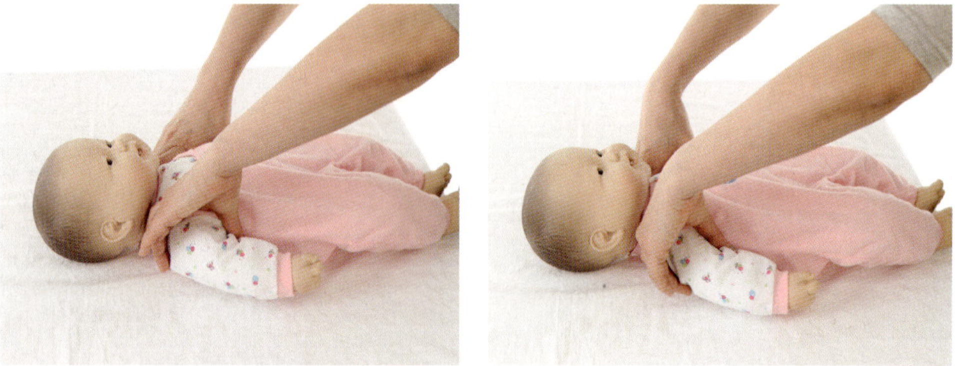

1. 인파마사지: 인파가 몰려있는 겨드랑이 부위를 돌리듯 부드럽게 마사지 한다.

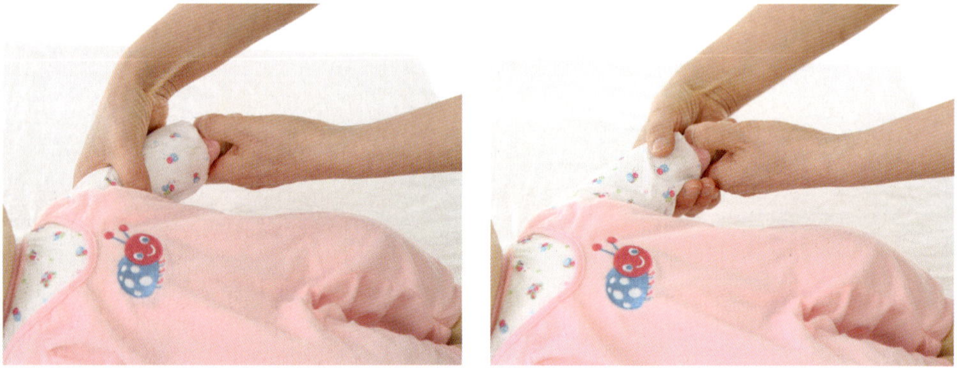

2. 한손으로 아기의 팔목을 잡고 한 손으로 비틀며 내려온다.

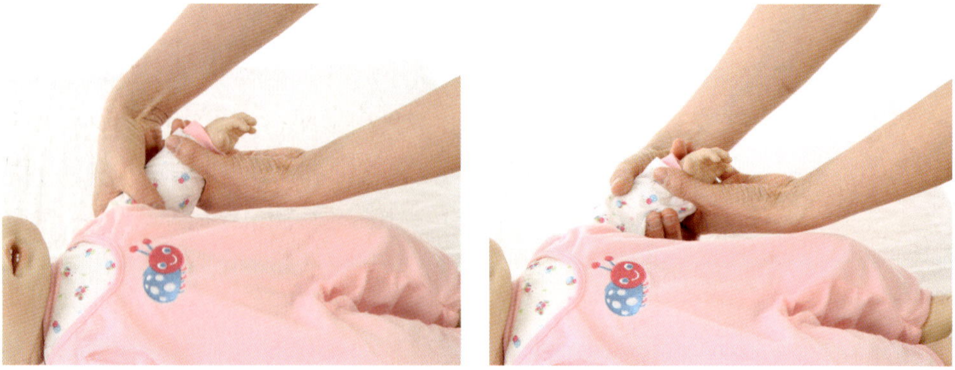

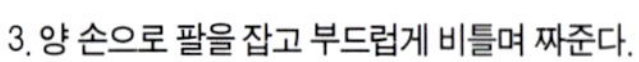

3. 양 손으로 팔을 잡고 부드럽게 비틀며 짜준다.

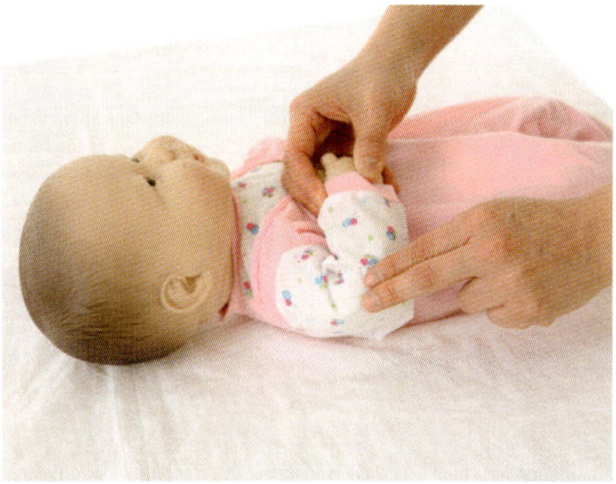

4. 팔 접어 주름 끝 부분을 쓸어준다

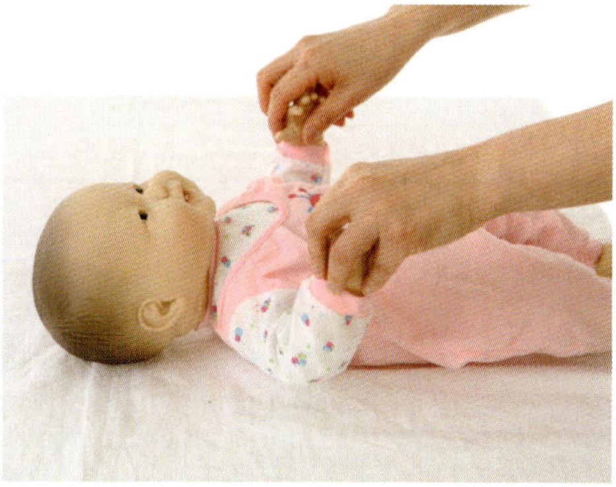

5. 양손으로 팔을 가볍게 털어준다.

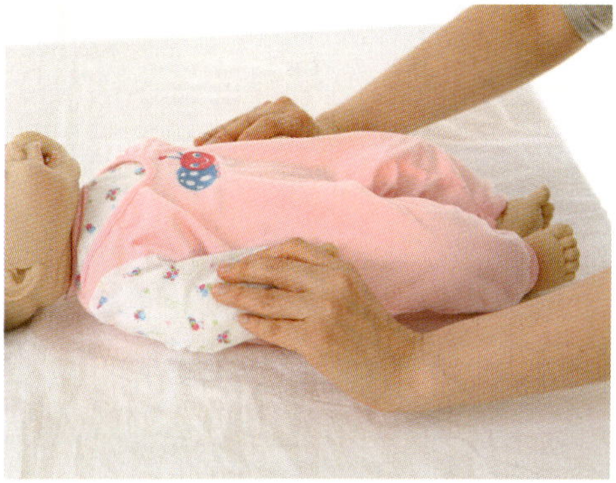

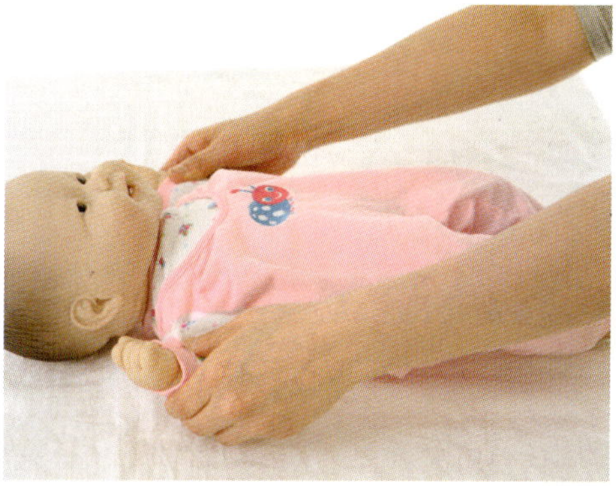

6. 만세를 부르게 하고 양팔을 늘려준다.

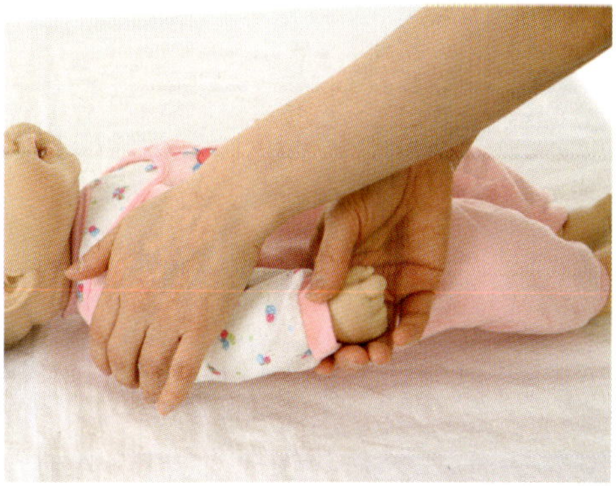

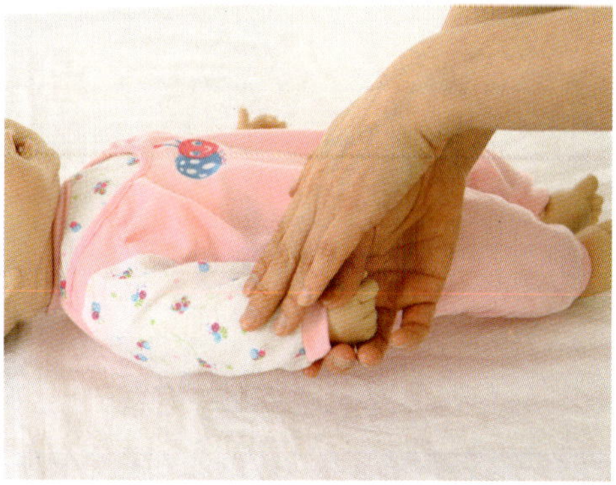

7. 팔을 내리고 근육이 이완 되도록 부드럽게 쓰다듬어 준다.

성장촉진을 위한 다리 마사지

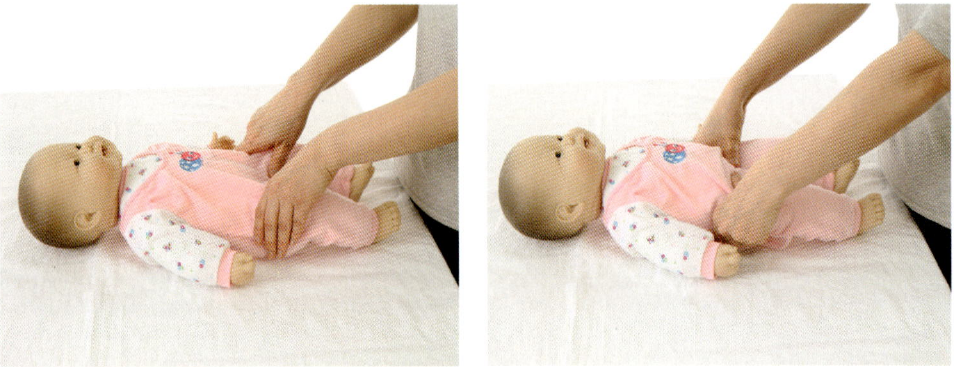

1. 서혜부 마사지: 양손으로 허벅지 깊숙히 바깥쪽으로 쓸어 내린다.

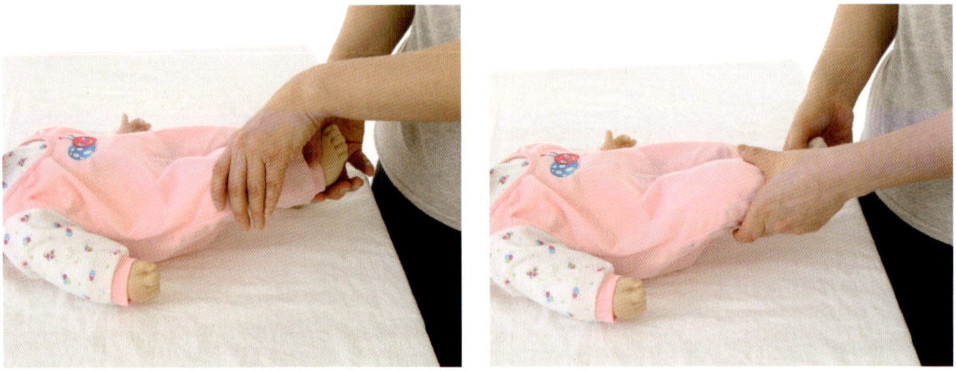

2. 한 손으로 발목을 잡고 한 손으로는 비틀며 내려온다.

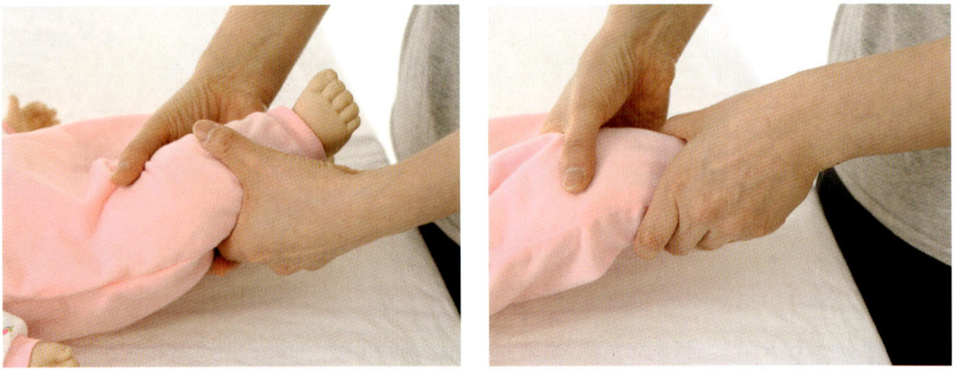

3. 양손으로 발을 잡고 부드럽게 비틀어 준다.

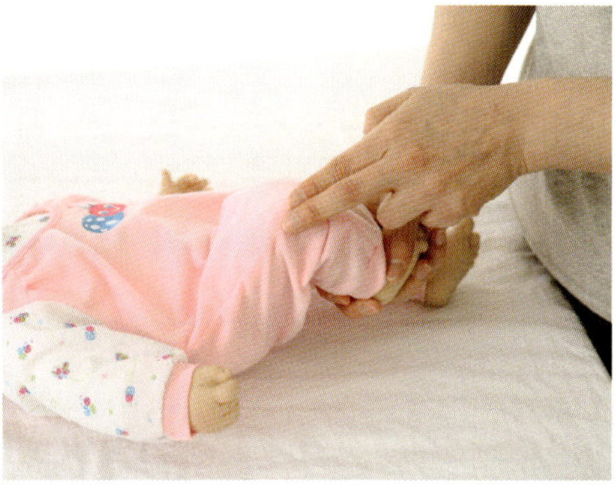

4. 무릎 바깥쪽 만져준다

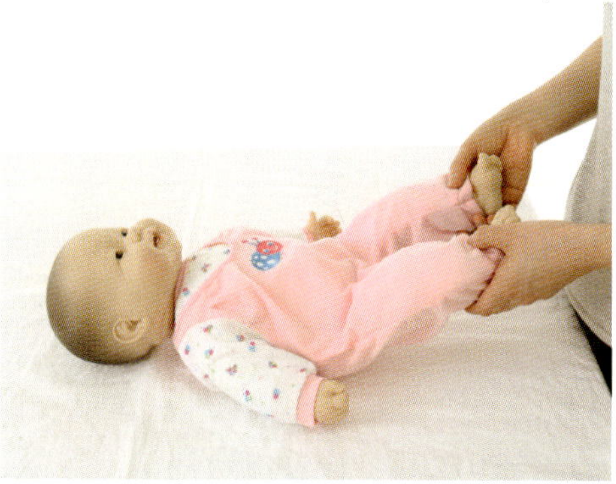

5. 양손으로 다리를 가볍게 털어 준다.

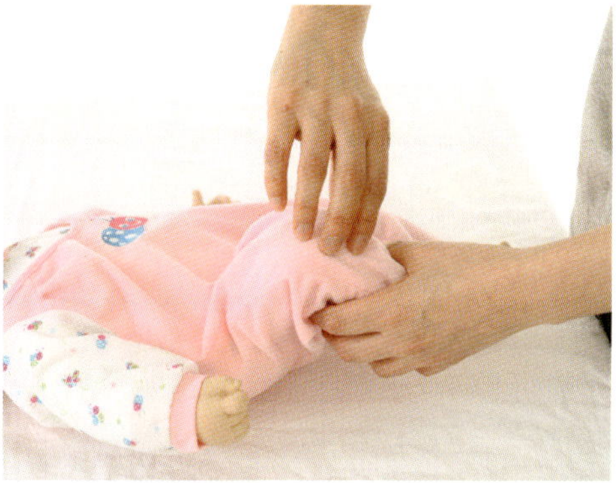

6. 무릎 주변을 조물조물 주무르고 원을 그리며 마사지 한다.

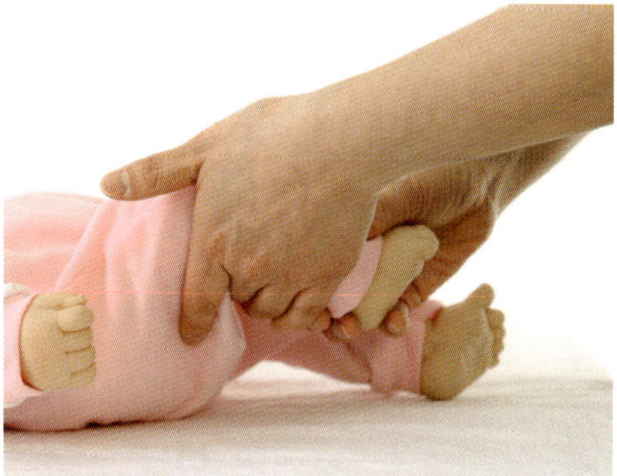

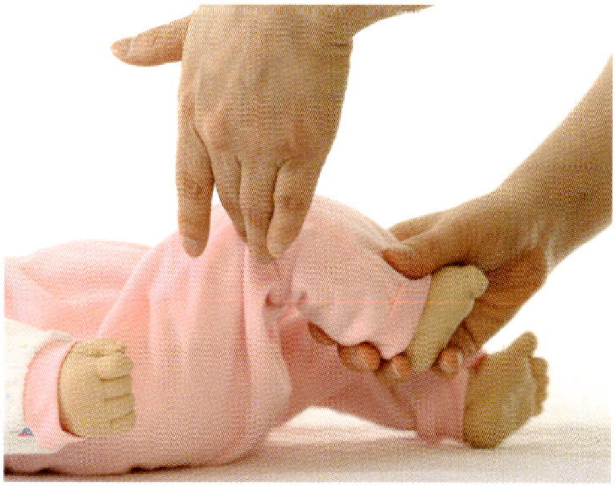

7. 무릎 뒤 오금을 쓸어 준다.

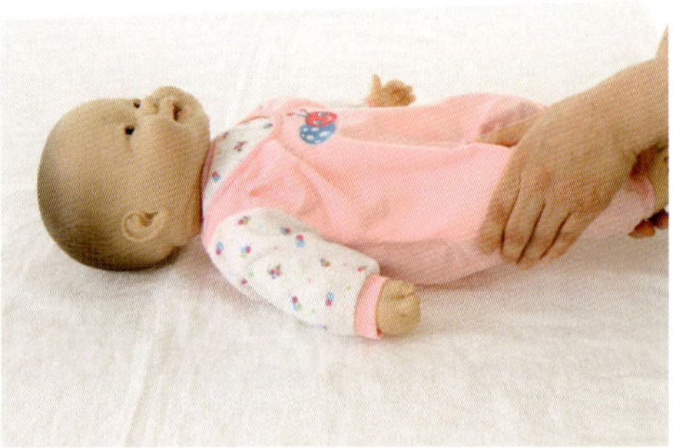

8. 다리를 허벅지에서 발목까지 부드럽게 쓰다듬어주고 가볍게 털어 준다.

소화기질환 및 호흡기 강화를 위한 배마사지

소화기능을 향상시키고 변비와 설사 가스를 제거하는데 효과적이다.

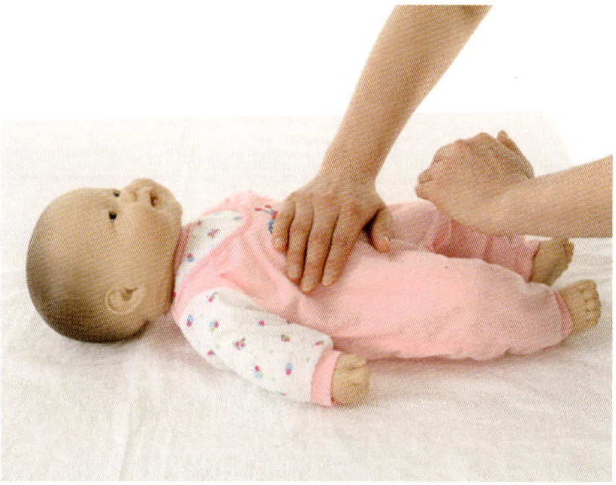

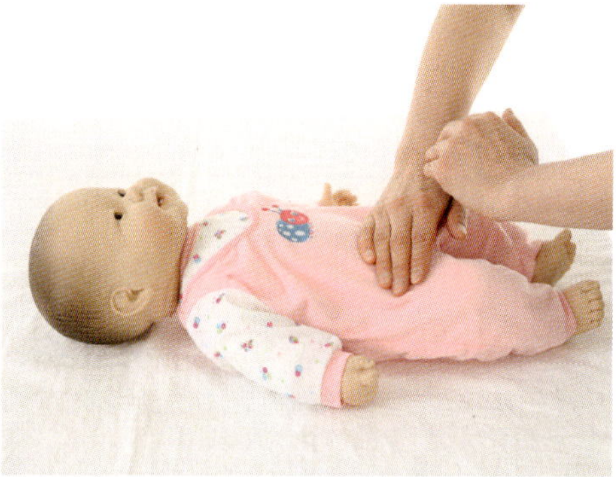

1. 양손 바닥으로 배 위에서 아래로 쓸어 내린다.

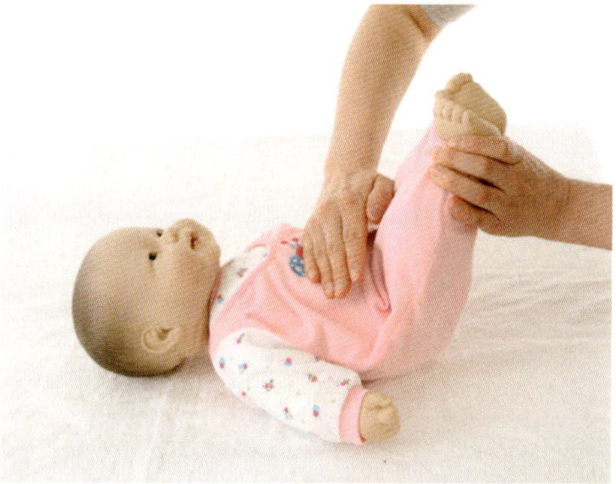

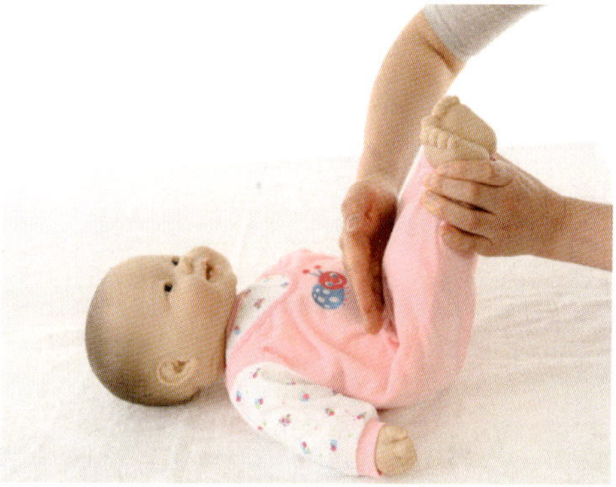

2. 더 깊숙히 손날을 이용하여 양발목을 잡고 위에서 아래로 쓸어 준다.

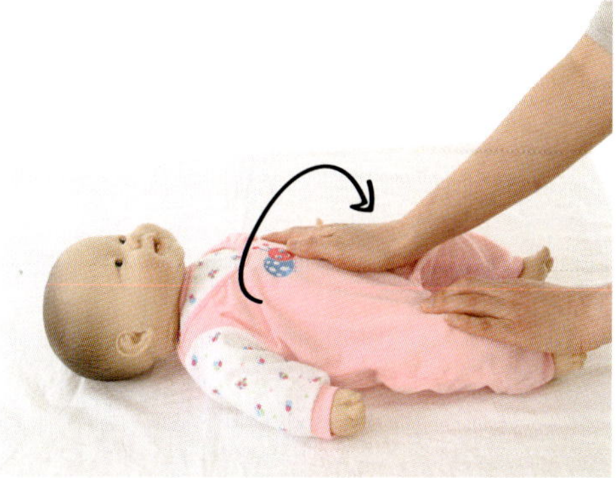

3. 양 손바닥으로 시계방향으로 배를 전체적으로 쓰다듬는다.

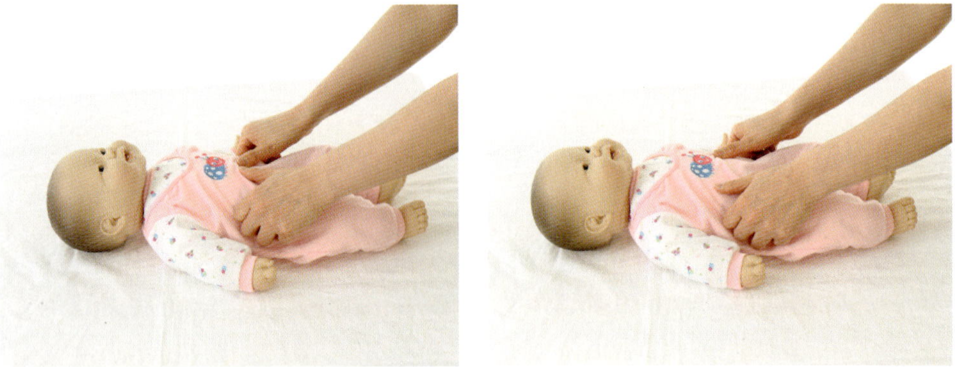

4. 양 엄지로 배꼽 주변을 상하 좌우로 바깥쪽을 향해 밀어준다.

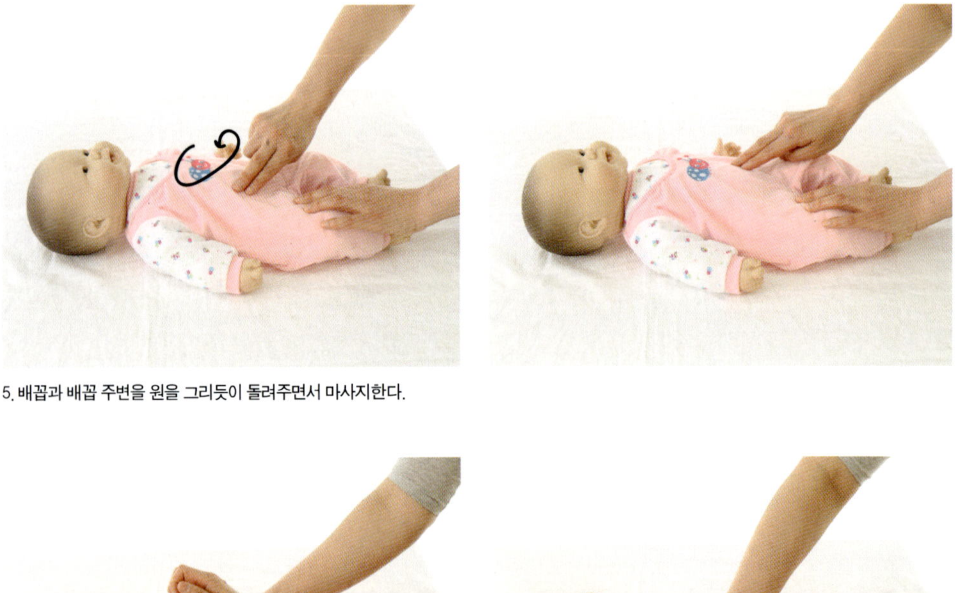

5. 배꼽과 배꼽 주변을 원을 그리듯이 돌려주면서 마사지한다.

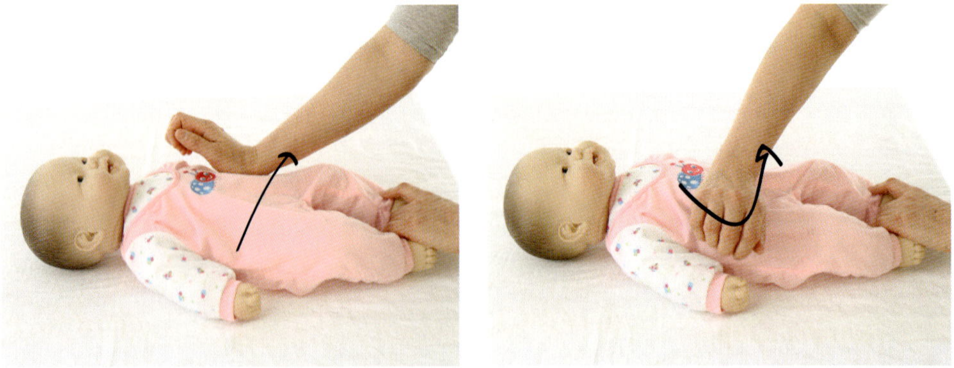

6. I LOVE YOU 마사지를 한다.

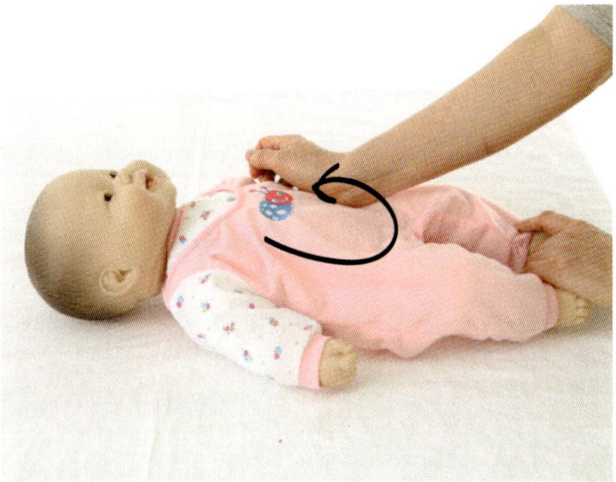

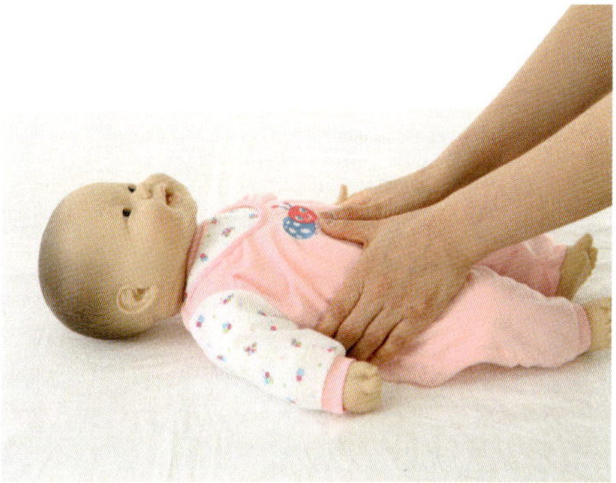

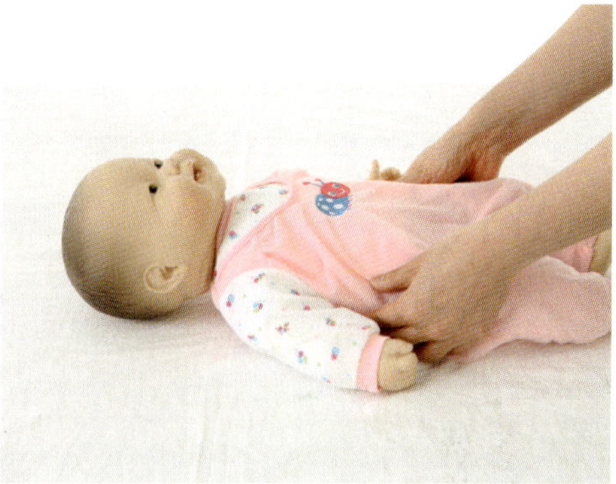

7. 갈비뼈가 갈라지는 부위에서 배꼽 쪽으로 밀어 내리고 갈비뼈를 따라 쓸어주면서 양쪽 골반까지 내려온다.

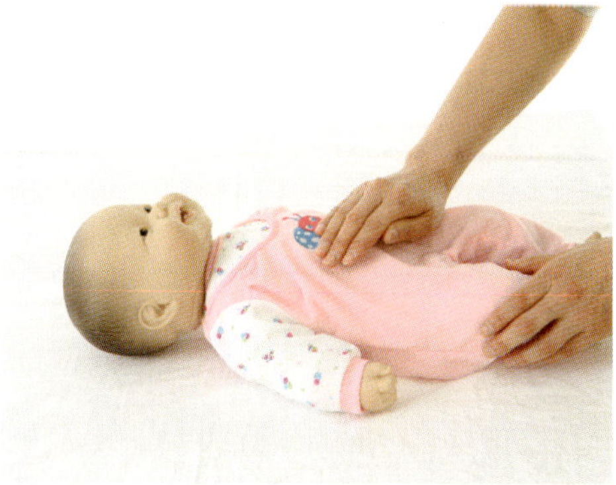

8. 손바닥으로 두드려 주며 마무리한다.

소화기질환 및 호흡기 강화를 위한 가슴마사지

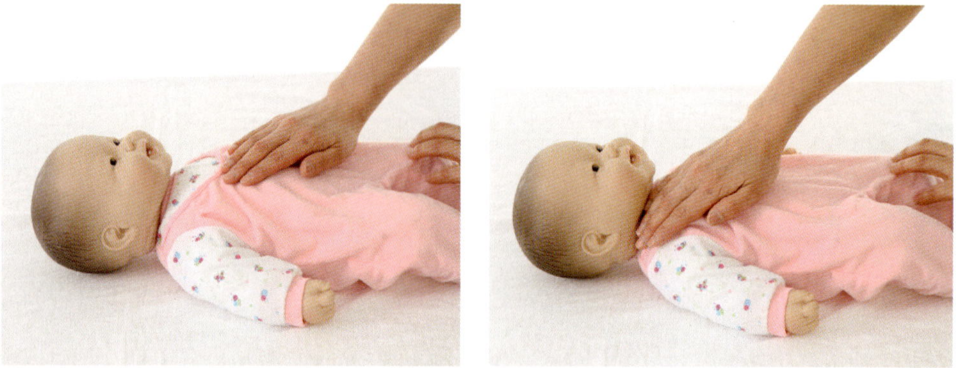

1. 갈비뼈에서 손을 교차하여 어깨까지 올라온다.

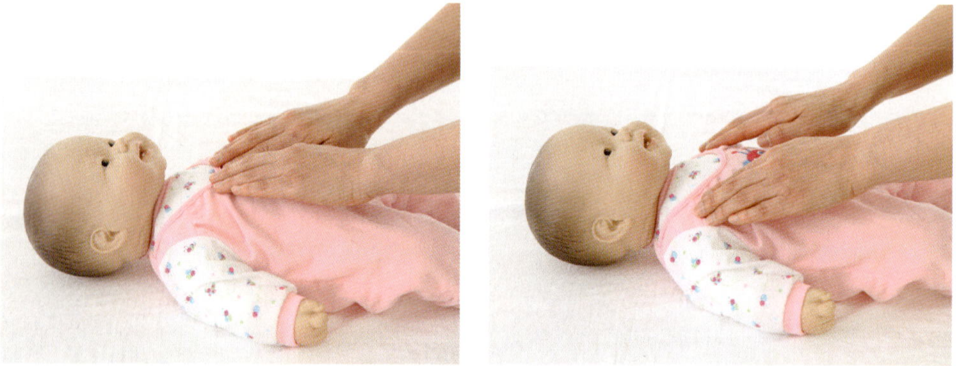

2. 두 손으로 가슴 중앙에서 하트를 그리듯 마사지 한다.(차츰크게 그린다)

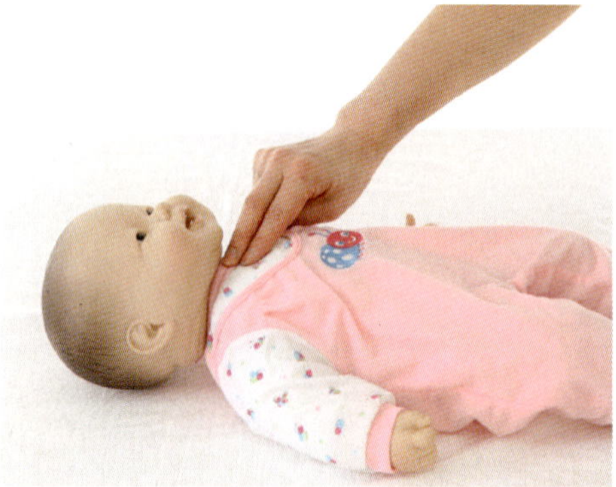

3. 목 아래쪽의 움푹 들어간 곳(천돌)을 살살 누르며 마사지해준다.

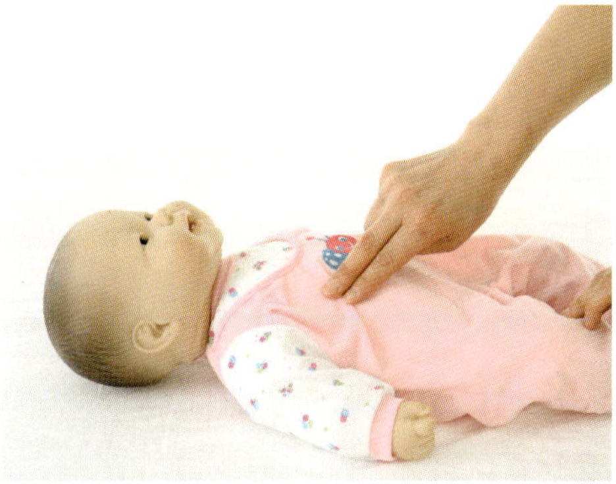

4. 유두 주위를 돌리듯 마사지 한다.

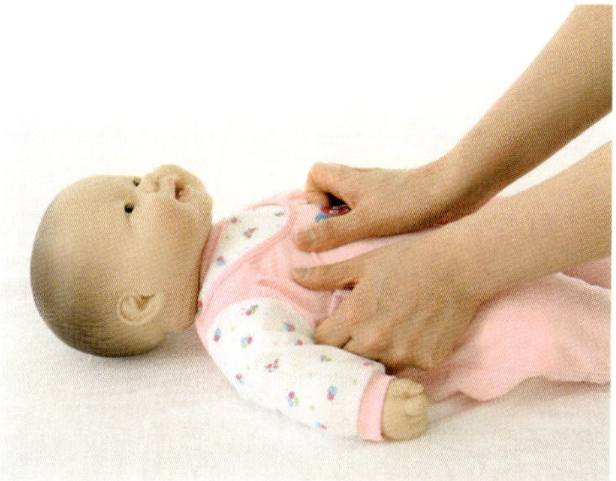

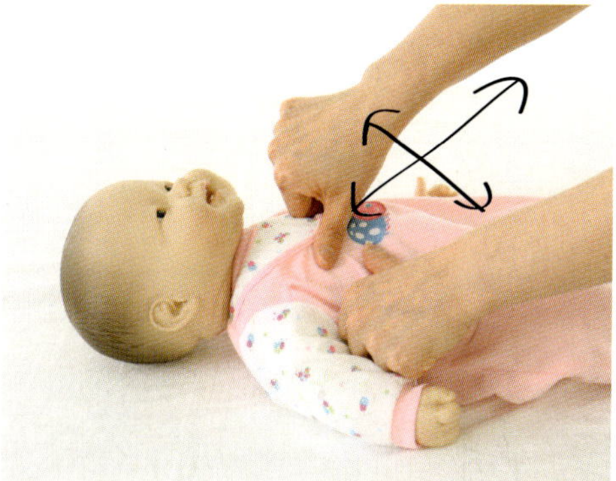

5. 유두를 상하좌우 십자로 밀어 주며 마사지 한다.

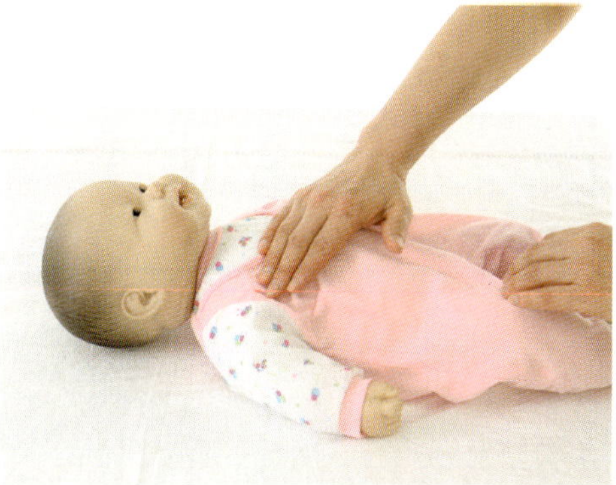

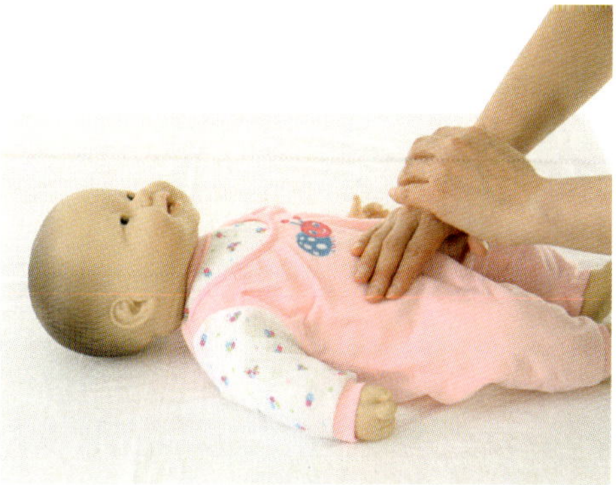

6. 위에서 아래로 쓸어 내리며 갈비뼈 사이사이를 마사지한다.

"

태교 체조 알려주신 덕분에 우리 행복이와 저 모두 건강하게 첫 만남을 가졌어요. 병원에서 가장 똘망똘망한 아이로 행복이가 태어난 것을 보면 열심히 선생님이 가르쳐 주신 대로 따라한 보람이 느껴지네요. 임신 기간 내내 체조한 덕분인지 아기 키우는 데 체력이 넘치네요. 모유수유까지 성공할 수 있을 것 같은 자신감이 넘칩니다

- 행복맘

선생님, 둥이 엄마 2시간40분만에 3.26kg 순산했어요. 제가 원래 체력이 약해 걱정하며 시작한 체조인데 효과 만점이네요. 둥이가 밤낮 바뀌지 않고 순하고 잘 자네요. 일반 체조가 아닌 태교 체조로 아이의 마음까지 포근하게 자라게 한 덕분 같아 뿌듯합니다.

- 둥이맘

태교 체조 덕분인지 한방에 순풍 낳아 병원을 놀라게 했습니다. 아이도 건강하고 저도 건강하게 산후조리하고 있어요. 하늘이 노래지는 산통이라고 하는데 체조덕분에 소리 한 번 안 지르고 기쁜 마음으로 출산했어요. 아직도 선생님의 음성이 들리는듯 해요. 꾸준히 잊지 않고 열심히 운동할게요.

- 한방맘

이사를 하고, 임신해서 직장도 다니지 못해 우울한 생각으로 가득했는데 태교 체조를 함께 하면서 활력을 배우고, 아기를 기쁨으로 받아들이며 진짜 엄마로 다시 태어났어요. 태교 체조가 순산 바이러스라는 것을 꼭 알려드리고 싶네요.

- 써니맘

"

“

태교 체조 덕분에 딱 예정일에 자연분만으로 명랑이를 낳았습니다. 낳은 지 얼마 안 되었는데 알려주신 대로 산후 체조 따라하다 보니 허리 라인이 살아나네요. 앞으로도 잘 실천하여 예쁜 엄마 될 거예요.

-명랑맘

처음에는 살찌는 것이나 막으려고 쉬운 운동을 찾았던 것인데, 정말 태교 체조 놀랍네요. 병원에서 초산인데 너무 잘한다고 칭찬받으며 기쁨이를 낳았어요. 정말 태교 체조 덕분입니다. 베이비마사지도 알려주셨는데 기쁨이에게 열심히 해줄게요. 우리 가족 건강 지켜주셔서 정말 감사합니다.

-기쁨맘

진통 없이 양수가 흘러서 입원했었어요. 의사 선생님은 걱정을 하셨지만 저는 임신 초기부터 태교 체조를 열심히 했고, 우리 길복이도 활발하게 잘 따라해 주었다는 것을 믿었기에 걱정하지 않았어요. 역시 3.2kg의 건강한 아기를 자연분만 잘 했고 제 건강도 회복이 빠르네요. 태교 체조 강추입니다!

-길복맘

”